U0311726

The First Sign of Intelligent Life Beyond Earth

EXTRATERRESTRIAL

外星人

阿维·洛布（Avi Loeb）著　高天羽 译

湖南科学技术出版社　博集天卷 CS-BOOKY

本书献给我的三位缪斯女神——奥弗里特、

克莉尔和洛特姆，

还有地球以外的每个生命……

目　录
Contents

外 星 人

前 言

PREFACE

　　如果有机会，你一定要到户外去观赏一下宇宙。当然，夜晚是最好的观赏时机。但即便我们唯一能够看清的天体是中午时分的太阳，宇宙也始终在那里，等待我们注意它。我发现，只是抬头仰望，就有助于改变你的看法。

　　我们头顶的景色在夜晚是最壮丽的，不过这种壮丽并不是宇宙本身的性质，而是人类的处境使然。在日间的繁杂操劳中，我们大多数人大多数时候都只关注自己眼前那区区几英尺①或几码地；即便想到天上的东西，通常也是因为我们关心天气。但是到了夜里，当世俗的思虑逐渐退去，我们就可以通过后院的一架望远镜，甚至只用肉眼，领略月球、群星和银河的壮美，有些幸运儿还可以看到彗星或卫星的踪迹。

　　纵观历史，我们在努力仰望天空时看见的那些东西一直给予人类以启迪。甚至最近有人推测，欧洲各地的那些创作于约4万年前的洞穴壁

----

① 1英尺合30.48厘米，下文的1码约合91.44厘米。——本书注释均为编者注

画表明了我们遥远的祖先也曾追踪群星。从诗人到哲学家，从神学家到科学家，宇宙激发人们的敬畏之心，让他们做出行动，由此推动文明的进步。毕竟当初也正是新兴的天文学推动了哥白尼、伽利略和牛顿的科学革命，将地球移出了宇宙的中心位置。这些科学家并不是第一批提出更谦卑的世界观的人，但是不同于以往的哲学家和神学家，他们仰赖以证据支持假说的方法，而这一方法从此成为人类文明进步的试金石。

我在职业生涯的绝大多数时间里都抱着十足的好奇心探索宇宙。或直接或间接，地球大气之外的一切都在我日常的研究范围之内。在写作本书时，我是哈佛大学天文学系的系主任，是哈佛大学黑洞计划的创始人兼负责人，也是哈佛–史密森天体物理中心下设的理论与计算研究所的所长，还是突破摄星计划（Breakthrough Starshot Initiative）的主席，是美国国家科学院物理学和天文学委员会的主席。我是耶路撒冷希伯来大学的数字平台"爱因斯坦：看见不可能"（Einstein: Visualize the Impossible）顾问委员会的一员，也是位于华盛顿的总统科技顾问委员会的成员。我有幸与许多非常杰出的学者和学生共事，一同思考宇宙中那些最为深奥的问题。

本书探讨的正是这些深奥问题之一，也可以说是其中最重要的一个：我们在宇宙中是孤独的吗？在历史上，人们对这个问题有过各种表述：地球上的生命是宇宙中唯一存在的生命吗？人类是广袤时空中唯一有意识的智慧生命吗？对这个问题我们还可以有更完善、更精确的表述：在整个空间膨胀和时间流逝的宇宙生命全程中，现在或过去是否存在其他和我们一样，也探索了群星并留下探索证据的有意识的文明呢？

我认为2017年物体穿过太阳系留下的那条证据支持了一个假说，即上述最后那个问题的答案是肯定的。在本书里，我将考察那条证据，验证那个假说，并提出一个问题：如果科学家们能像接受超对称、额外维、暗物质的本质和多重宇宙的可能性一样接受这个假说，事情会变成什么样呢？

本书还会问另一个问题，从某些方面来看它甚至更难回答。我们这些人，科学家也好，门外汉也罢，都准备好了吗？如果我们在用证据验证假说之后，接受了这个看似可信的结论，承认地球上的生命并不独特，甚至可能没有什么了不起，那么人类文明准备好应对接下来会发生的事情了吗？我担心答案是否定的，原因之一就是人类之中普遍存在的偏见。

✦ ✦ ✦

和许多其他行业一样，科学界显然也会紧跟潮流并在面对陌生事物时持保守态度。这种保守态度部分源于一种值得赞赏的本能。科学方法原本就鼓励合理的谨慎。我们提出假说，收集证据，用手头的证据验证这个假说，然后修正假说或是收集更多证据。然而流行趋势会让人们不去思考某些假说，对名利的追逐又会将人的注意和资源引向某些课题，冷落其他课题。

在这方面，大众文化并没有起到正面作用。科幻小说和电影对地外智慧生命的描绘常常使大多数严肃的科学家觉得可笑：外星人要么摧毁地球上的城市，要么抢走人类的身体，要么通过费尽心思又拐弯抹角的方式与我们交流。无论恶毒还是仁慈，外星人常常都拥有超人的智慧，它们精通物理学，可以操纵时间和空间，一眨眼的工夫就能在宇宙中任意穿梭——有时甚至还能穿越多重宇宙。凭着这种能力，它们频频造访太阳系及其行星，还会到挤满有意识的生物的社区酒吧里去坐坐。这些年来，这种东西看多了，我开始相信物理定律只会在两个地方失效：奇点和好莱坞。

我自己并不欣赏那些违背物理定律的科幻作品。我喜爱科学也喜爱虚构，但前提是它们必须诚实，不虚荣做作。从职业的角度来说，我担心对外星人所做的耸人听闻的描绘已经培育了一种流行的科学文化：人们可以对许多关于外星生命的严肃讨论一笑置之，尽管有确凿的证据表明外星生命确实是一个值得讨论的课题。事实上，现在这个课题比以往任何时候都更值得讨论。

宇宙中除了我们还有其他智慧生命吗？科幻作品的叙事使我们准备好迎接肯定的答案，期待这些生命会砰的一声忽然到访。科学的叙事则往往完全回避这个问题。结果就是很不幸，人类对与地外生命的相遇准备不足。每当字幕完结，我们走出影院仰望夜空时，这个对比就会格外强烈。我们抬头看到的几乎是一片虚空，一片了无生气的空间。但外观常常是会骗人的，为了我们的福祉，我们不能任由自己再继续受骗了。

诗作《空心人》（*The Hollow Men*）体现了诗人T. S. 艾略特[①]对

[①] T. S. Eliot（1888—1965），英国诗人、文学评论家、剧作家。代表作为长诗《荒原》。

"一战"后欧洲的思考，他在诗中写道，世界终结的方式是一阵呜咽，而不是一声巨响。那次冲突是有毁灭性的——到那时为止，一战是人类历史上最致命的一场战争。不过，或许因为我最早爱上的学科是哲学，从艾略特惹人动情的描绘中我听到的不仅是绝望，还有道德抉择。

世界当然会终结，而且极有可能是随着一声巨响。我们的太阳现在已经有约46亿岁，再过大约70亿年就会不断膨胀为一颗红巨星，终结地球上的一切生命。这件事无可争论，也不是一个道德问题。

不，在艾略特的《空心人》中，我听到的道德问题并非关于地球的灭亡——这在科学上已有定论，而是关于一件不那么确定的事，那就是人类文明的灭亡，当然，或许还有地球生命的灭亡。

今天，我们的地球正在不受控制地朝一场大灾变狂奔而去。我们面临许多威胁，环境退化、气候变化、大流行①和无时不在的核战争风险只是其中最为常见的几种。我们已经以无数种方式为自己的落幕搭好了舞台。到时候既可能是一声巨响，又可能是一阵呜咽，也可能两者皆有，或者两者皆无。目前看来，所有的选项都已经摆到了台面上。

我们会选哪一条路？这就是艾略特的诗所反映的道德问题。

或许这个关于终结的比喻同样适用于某些开端呢？或许"我们在宇宙中是孤独的吗？"这个问题的答案已经出现，只是不易察觉、稍纵即逝且模棱两可呢？或许要看清这个答案，我们必须将自己的观察力和推理能力发挥到极致呢？又或许，这个问题的答案蕴含了我刚刚提出的另一个问题的关键，即地球生命和我们的集体文明是否会终结以及会怎样终结呢？

---

① 某传染病的发病率不但超过流行水平，而且蔓延范围超出国界或洲界时的状态。

+ ✦ +

　　接下来我会考察一个假说，那就是上述问题的答案已经在2017年10月19日摆到了人类面前。我认真思考的不仅是这个假说，还有其中蕴含的传达给人类的信息、我们可能从中获得的教训，还有我们是否根据教训采取行动会带来一些什么结果。

　　从生命的起源到万物的起源，尽管追寻这些科学问题的答案似乎是人类最自大的行为之一，但是这个追寻过程本身也会使人变得谦卑。无论用什么尺度来衡量，每个人的生命都是无限渺小的，个人的成就只有放到好几代人的集体努力之中才能显示出意义。我们都站在前人的肩膀上，而我们自己的肩膀也必须支撑得起后人的努力。如果忘记了这一点，我们和他们就得自己承担风险。

　　理解下面这件事也会让人变得谦卑：在我们努力了解宇宙时，出错的永远是我们的理解力，而不是事实和自然法则。我在很小的时候就意识到了这一点，因为我曾想当一名哲学家。我在刚开始学习物理的时候重温了这个道理。当我有些意外地成为一名天体物理学家之后，我对这个道理的领悟就更充分了。十几岁时我格外着迷于存在主义哲学及其对个体——生活在看似荒诞的世界里的个体的关注。作为天体物理学家，我又特别懂得自己的生命——实际上是所有生命——在浩瀚的宇宙面前是何等渺小。我发现，如果怀着谦卑的态度，那么哲学和宇宙都会在我们心中激起希望，让我们想要做得更好。这诚然需要所有国家开展恰当的科研协作，需要我们具备真正的全球视野，但我们可以做得更好。

　　我也相信，有时候人类需要一点推动。

　　如果外星生命存在的证据出现在了我们的太阳系中，我们会注意到吗？如果我们一心想的都是反重力飞船在地平线上出现时所发出的巨响，是不是就会忽略地球访客其他登场方式的细微声音？如果那证据是某种已经无效或不再使用的技术，或许相当于一个有着10亿年历史的文明留下的垃圾，我们会重视吗？

† ✦ †

下面说一个思想实验，这是我在哈佛大学开设新生研讨课时对那些大一学生提出的。试想一艘外星飞船降落在哈佛园，船上的外星人表明它们是友善的。它们像很多地球游客那样参观了校园，在怀德纳图书馆的台阶上拍了照，也抚摸了约翰·哈佛雕像的脚。接着它们向地球主人发出邀请，请他们登上飞船，开启一次飞往外星人母星的单程旅行。它们坦承这次旅行有一些风险，但哪次冒险又是绝对安全的呢？

如果是你，你会接受它们的邀请吗？你会踏上这次旅程吗？

几乎每一个学生都答了"会"，然后我对这个思想实验做了修改：外星人仍然是友善的，但是这一次它们告诉自己的人类朋友，它们接下来要做的不是返回母星，而是穿越一个黑洞的事件视界。这个提议当然也有风险，但外星人对自己的理论建模很有信心，它们知道前面有什么在等着，也愿意亲自到那里去看看。它们想知道的是：你准备好了吗？你会踏上这次旅程吗？

几乎每一个学生都答了"不会"。

这两次旅程同样是有去无回，两者也都包含了未知和风险。那为什么会得到不同的回答呢？

学生们给出最多的理由是：第一次旅程，他们仍可以使用手机，和地球上的亲友分享自己沿途的经历，虽然信号可能要跨越好几光年才能传回地球，但终究是会到的。可如果要穿过一个黑洞的事件视界，那么一切自拍、短信、信息，不管奇妙与否，都将无法传回地球。前一次旅程会在脸书或推特上获得点赞，后一次则肯定不会。

我提醒这些学生，就像伽利略透过望远镜观察天空后指出的那样，证据是客观存在的，无论是否被认可。一切证据都是如此，无论这证据是来自一颗遥远的行星，还是一个黑洞事件视界的另一侧。信息的价值不在于有多少人在网上给你点赞，而在于我们拿它做了什么。

接着我又问了他们一个问题，许多哈佛的本科生都自以为知道这个问题的答案。我问道：我们——也就是人类——是宇宙街区里最聪明的孩子吗？在他们回答之前我补充了一句：各位不如先望望天空，要知道你们对这个问题的答案将在很大程度上取决于你们如何回答另一个我很喜欢的问题——我们在宇宙中是孤独的吗？

思索天空和天空之外的宇宙能教会我们谦卑。在宇宙中，空间和时间都有着浩瀚的尺度。单单在可观测的宇宙范围内，就有超过 10^{21} 颗类太阳恒星，而人类再怎么幸运长寿，也只能活到太阳寿命的一亿分之一。不过谦卑不应该阻止我们试着去更好地理解宇宙，反而应该激励我们心怀抱负、提出会挑战我们假说的难题，然后开始严谨地寻找证据，而不是吸引别人来点赞。

✦✦✦

我在本书使用的证据，大部分都是在11天中收集的，始于2017年10月19日。这11天就是我们所拥有的观察第一位已知星际访客的时间。通过对这些数据进行分析以及一些其他观察，我们建立了对这个特殊天体的推断。11天听起来似乎太短，科学家们个个都希望我们能再多收集一些信息，但其实我们手头的数据已经相当充足，可以从中做出许多推断，这些推断我都会在书中详细地介绍。其中有一条所有研究过这些数据的人都认同的推断：和天文学家研究过的所有其他天体相比，这一次的访客截然不同。而为了解释在这个物体上观察到的全部奇特属性，我们提出的假说也是前所未有的。

我认为，对这些奇特属性最简单的解释，就是这个物体是由地球之外的某个智慧文明所创造的。

这当然只是一个假说，但这个假说完全符合科学。不过，我们从这个假说中得出的结论就不完全是科学的了，我们根据那些结论采取的行动也不是。这是因为，我的这个简单的假说指向了人类一直在寻求答案的几个最深奥的问题。人们曾经透过宗教、哲学和科学方法之眼审视过这些问题。它们触及了对人类文明和宇宙间所有生命具有重要意义的一切。

不妨公开地说一句：我知道有些科学家认为我的假说过时，在主流科学之外，甚至构想拙劣，相当危险。但是在我看来，如果没有足够认真地思考这种可能，那才是犯了最严重的错误。

下面请听我解释。

第一章

CHAPTER ONE

宇宙侦察兵

　　早在我们知道这个物体的存在之前，它就已经踏上了前往太阳系的道路。它来自织女星，和我们只有约25光年的距离。2017年9月6日，它穿过了我们的轨道平面，也就是太阳系中所有行星围绕太阳转动的平面。但这个物体极端的双曲线轨迹决定了它只会短暂造访，而不会在太阳系中停留。

　　2017年9月9日，该访客到达了近日点，即它所在的轨道上最接近太阳的那一个点。然后，它开始离开太阳系。它和太阳的相对速度接近每小时58,900英里①，这个速度对逃出太阳的引力控制来说绰绰有余。它在9月29日左右飞过金星轨道，在10月7日左右飞过地球轨道，之后迅速飞向飞马座和更远的黑暗中。

　　当这个物体快速飞回星际空间时，人类还不知道它已经来过太阳系了。因为不知道它曾经来过，我们没有给它命名。即使有别的什么人或东西曾经为它命名，我们也不知道那名字是什么。

　　只有在它和我们擦身而过之后，地球上的天文学家才瞥见了这位

———————————

① 1英里约合1.61千米。

已经离去的客人。我们给这个物体取了几个正式的名字，最后定为1I/2017 U1。然而地球上的科学界和公众记住的会是它的简称：奥陌陌（'Oumuamua）。这个名字源于夏威夷语，因为发现这个物体的望远镜就位于夏威夷。

+ ✦ +

夏威夷群岛是太平洋上的瑰宝，吸引着来自世界各地的游客。而对天文学家来说，这片岛屿还有着风景之外的吸引力：那里坐落着一些世界上最为精细复杂的望远镜，代表了人类目前最先进的技术。

在夏威夷的尖端望远镜中，有几台构成了"全景巡天望远镜和快速反应系统"（Panoramic Survey Telescope and Rapid Response System），简称"泛星计划"（Pan-STARRS）。这个由望远镜和高精度相机组成的网络位于哈莱阿卡拉山顶的一座天文台上。哈莱阿卡拉山是一座休眠火山，占了毛伊岛的大部分土地。其中一架望远镜泛星计划1号（Pan-STARRS1）内安置了地球上清晰度最高的相机。自启用以来，这套系统已经发现了我们在太阳系中找到的大部分近地彗星和小行星。泛星计划还做出了另一个杰出的贡献——它收集的数据最早为我们证明了奥陌陌的存在。

10月19日，哈莱阿卡拉天文台的天文学家罗伯特·韦里克（Robert Weryk）在泛星计划望远镜收集的数据中发现了奥陌陌的身影。图像显示，有一个光点正疾速飞过天空，其速度之快足以摆脱太阳的引力。消息一传出，天文学界很快就达成一致，认为韦里克首次在太阳系中发现了星际物体。但是等我们给这个物体起好名字时，它距地球已有超2000

万英里，大约是月地距离的85倍，而且它还在快速朝更远处飞去。

它在造访我们这个星球时还是一个陌生来客，但在离开时已经远不止如此了。这个被我们命名的物体给我们留下了一大堆未解之谜，将充分吸引科学家进行考察，并引发全世界的想象。

在夏威夷语中，"奥陌陌"大致可以翻译为"侦察兵"。不过在宣布该物体的正式名字时，国际天文学联合会却给了奥陌陌一个略微不同的身份，说它是"率先从远方抵达的信使"。无论是侦察兵还是信使，都清楚地表明了这个物体第一个到来，且还有后来者。

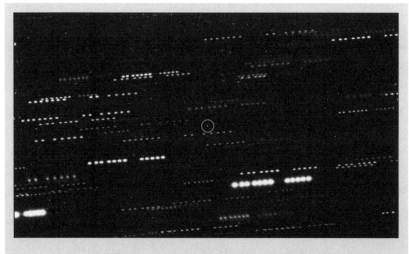

第一个星际物体的望远镜合成图像，图中圈出的部分——中间那个尚未弄清的点源就是奥陌陌。它的周围是暗淡恒星的轨迹，每条轨迹都是一连串光点，是望远镜追踪奥陌陌的运动时拍的快照。

图片来源：ESO/K. Meech et al.

最终，媒体使用了"离奇""神秘""古怪"等字眼来形容奥陌陌。但是和什么相比呢？简而言之，说这个侦察兵离奇、神秘和古怪，是和之前我们发现的所有其他彗星及小行星相比。

实际上，我们甚至无法确切指出这个侦察兵到底是彗星还是小行星。

这并不是说我们没有比较的对象。我们每年会发现数以千计的小行星（在太空中飞驰的干燥岩石），太阳系中的冰冻彗星更是超过了我们仪器的计数范围。

但是星际访客却比彗星或小行星都要罕见得多。事实上，在发现奥陌陌之前，我们还从来没有见过太阳系中出现外来物体。

不过这种差异很快就消失了。发现奥陌陌之后不久，我们又发现了一个星际物体。在将来，我们可能还会发现更多这样的天体，特别是薇拉·C.鲁宾天文台的时空遗产调查计划（Legacy Survey of Space and Time，LSST）即将启动。而且从某个方面来说，甚至在还没见到这些访客之前，我们就已经期待着它们的到来。据统计显示，虽然穿过地球轨道平面的星际物体要比太阳系内产生的物体少了几个数量级，但它们本身并非稀罕之物。简而言之，稀有星际物体偶尔会进入太阳系的想法虽然奇妙，但并不神秘。起初，关于奥陌陌的那些基本事实也只是让我们有些惊奇而已。在夏威夷大学天文研究所于2017年10月26日宣布发现奥陌陌后不久，全世界的科学家就查看了相关人员收集到的最基础的数据，并就大部分基本事实达成了一致，其中包括奥陌陌的轨迹、速度和大概尺寸（它的直径小于1/4英里）。这些早期发现的细节表明，除了来自我们的星系之外这一点，奥陌陌并没有任何不寻常的地方。

然而没过多久，筛选收集数据的科学家就发现了奥陌陌的独特之处。他们抓住了一些细节，很快就让我们开始质疑之前的假设，即奥陌陌虽然来自星际空间，却只是一颗平常的彗星或小行星。实际上，在它被发现之后仅过了几周，也就是2017年11月中旬，负责命名太空中新发现天体的国际天文学联合会第三次修改了奥陌陌的名字，这也是最后一次修改。起初国际天文学联合会命名它为"C/2017 U1"，其中C表示彗星（comet）。接着又改成了"A/2017 U1"，其中A表示小行星（asteroid）。最终该联合会宣布命名它为"1I/2017 U1"，其中I表示"星际"（interstellar）。到这时，奥陌陌来自星际空间这一点已经成为研究者们少有的共识之一。

✦ ✦ ✦

科学家必须跟随证据的指示，老话就是这么说的。跟随证据体现了人的谦卑，也能使你摆脱先入之见，免得自己的观察和洞见受偏见蒙蔽。长大成人基本也是这个道理，对于"成人"，一个很好的定义可能是："在这一时刻，你已经积累了充足的经验，可以使你的模型在预测方面有着高成功率。" 这个定义或许不能用来教导你年幼的孩子，但我还是觉得它有自己的优点。

在实践中，跟随证据意味着我们应该允许自己犯错。要放下偏见。要挥起奥卡姆剃刀，找出最简单的解释。要愿意抛弃那些无效的模型，要知道其中一些必然会失效，因为它们会与我们对事实和自然法则的不完全理解发生冲突。

宇宙中显然是有生命的，我们的存在就证明了这一点。因此，当我们想知道宇宙中可能存在（或曾经可能存在）的其他智慧生命会有哪些行为和意图时，不妨参照我们自己提供的数据集。这个数据集庞大无比而令人信服，时而给人启迪，时而又发人深省。作为人类唯一深入研究过的有意识的生命，我们自身很可能蕴藏着大量线索，以了解宇宙中所有其他有知觉生命的行为，不管是过去、现在，还是未来。

作为物理学家，有一件事使我很受触动：在这个小小又特别的星球上，影响我们存在的物理定律竟是如此普遍。当我眺望宇宙，我不禁对它的秩序生出敬畏。同样使我敬畏的是，我们在地球上发现的自然法则，到了宇宙边缘似乎也同样适用。在很长一段时间里——早在奥陌陌到来之前，我的心中就萌生了一个推论：既然自然法则是普遍的，那么如果别的地方也有智慧生命，应该也有一些生物发现了这些普遍法则，热切地跟随证据的指引，兴奋地提出理论、收集数据，并对理论进行检验、修正、再检验。最后，和人类一样，到茫茫宇宙中去探索。

我们的文明已经向星际空间发射了5个人造物体："旅行者1号"（Voyager 1）和"旅行者2号"（Voyager 2）、"先驱者10号"（Pioneer 10）和"先驱者11号"（Pioneer 11），还有"新视野号"（New Horizons）探测器。单这一点就显示了我们到远方探险的无限潜能。我们那些遥远祖先的行为也显示了这一点。数千年来，人类已经到达了这个行星最遥远的地方，他们或是为了追求另一种生活，或是为了追求更好的生活，抑或只是为了寻找些什么；他们的远行常常伴随惊人的不确定性，谁也不知道他们会找到什么，或者还能不能回来。随着时间的推移，人类对远行的确定性大大增加——宇航员在1969年登上了月球并且返回，但这类任务的风险仍然存在。保障宇航员安全的并不是登月舱的舱壁——大约只有一张纸那么薄，而是建造登月舱所依据的科学和工程技术。

如果群星之间还诞生了其他文明，那些生物难道不会像我们一样产生探索的冲动？难道不想冒险走出熟悉的世界，寻访未知的天地？根据人类的行为，它们有这样的想法并不会让人感到意外。事实上，它们或许早就习惯了浩瀚无垠的太空，在其中自由穿梭，就和我们今天在地球上随意往返差不多。过去我们的祖先使用"旅行"和"探险"之类的字眼，但对如今的我们来说，只是去某地度假罢了。

2017年7月，我和妻子奥弗里特及两个女儿克莉尔和洛特姆在夏威夷参观了一组令人印象深刻的望远镜。作为哈佛大学天文学系的系主任，我受邀去夏威夷岛发表演讲，旨在告诉公众天文学的动人之处。当时正有人抗议，他们反对在休眠的冒纳凯阿火山顶上再建造一架大型望远镜。我欣然接受邀请，并趁这个机会参观了夏威夷的另外几座岛屿，其中就包括坐落着几架尖端望远镜的毛伊岛。

我的演讲主题是宇宙的宜居性，还有未来几十年我们发现地外生命存在的证据的可能性。这类证据一旦真的被发现，就会迫使人类接受自己并不特殊的事实。当地报纸的头版报道了我这次演讲的标题——《要谦虚，地球人》（"Be Humble, Earthlings"），这一标题很好地概括了我的观点。

这次演讲之后不到一个月，奥陌陌就在不为地球人所知的情况下穿过了火星的轨道平面，而我的演讲场地距离"泛星计划1号"不过几英里远。这架望远镜是我在这次旅行中参观的其中一架，我觉得它堪称仪表生产技术的一个奇迹。三个月后，由泛星计划收集的数据就会引出奥陌陌的发现。

+ + +

泛星计划的第一架望远镜"泛星计划1号"于2008年启用。往前50年，也就是1958年，哈莱阿卡拉山的顶部还建造过另一架望远镜，但它并不是用来观察群星的。当时的美国对苏联卫星十分恐惧，一心想要追踪它们。现在的泛星计划却另有目标，那就是发现有可能撞击地球的彗星和小行星。因此自2008年起，它变得越来越复杂精密。这十几年来还有更多望远镜加入了这个行列，最重要的一架是"泛星计划2号"，它在2014年全面投入使用。这个合称为"泛星计划"的望远镜阵列持续绘制着我们头顶的天空，为我们探测彗星、小行星、爆发的恒星，以及其他天文学现象。

简而言之，过去的那场冷战催生了一座天文台，它的结构如此复杂，技术如此丰富，以至于在几十年后的今天，在一座死火山顶部冷冽又清新的空气里，一个望远镜阵列中的一架复杂精细的设备发现了在我们头顶飞过的奥陌陌，而这架特别的望远镜才刚刚启用几年。

我们很容易对巧合的自我应验印象深刻，但所谓的巧合可能只是个错觉。在大半部人类历史上，人们都会求助于神秘主义或宗教来解释那些没有明确原因的事件。可在我看来，即使是在我们这个文明的幼年和青春期早期，人类也已经积累了大量的经验，使得他们的模型在预测现实方面有着越来越高的成功率。可以说，人类自有历史记载以来，就始终在缓慢地进入成年期。

事实上，生活中的大部分事件都是由多种原因引发的。寻常的事件如此（比如喝掉你面前的那碗汤），不寻常的事件亦然（比如万事万物的起源）。这个道理适用于个人（比如经人介绍后结婚，并生下两个热衷去夏威夷度假的女儿），也适用于世界（比如那年10月的11天里，我们的望远镜很可能发现了一个来自太阳系外的天体）。

✦ ✦ ✦

那次休假之后，我和家人回到了我们位于马萨诸塞州波士顿的那座百年老屋。从许多方面看，这座老屋和我成长的以色列农场有很大不同。但是说到滋养我对自然的热爱，满足我和周围事物共同成长、共同生活的需要，这两处地方又并无不同。

一天傍晚，我到延伸至我家后院的森林里散步的时候，见证了一棵大树倾倒的过程。我先是听到一阵噼里啪啦的断裂声，接着就看到它倾斜倒塌。我发现这棵树的树干都空了，大部分躯体已经死去多年，到了那一天那一刻，它再也抵挡不住劲风的吹拂，终于倒下。我恰好在那里目睹了它的死亡——我见证了这条因果链的一环，却不能改变什么。

但如果条件更有利的话，我们的行为还是可以促成改变的。大约10年前，当我和家人刚刚搬到列克星敦的时候，我在院子里发现有一棵小树断了一根树枝。当地的一名园丁建议我剪掉这根即将掉落的树枝。可在仔细观察之后，我发现它和树木断裂处之间还连着活的纤维。我决定用绝缘胶带把它粘起来。今天它的枝头已经远远高过我的头顶，但那条绝缘胶带仍在与我眼睛齐平的高度。这棵树离我家很近，从窗口就能望见。我常把它指给我的两个女儿，提醒她们平凡的行为也能带来非凡的结果。

是因为对可能的结果饱含期待，人们才做出了某些最重要的决定。我用绝缘胶带固定我家附近的那根树枝这种行为对我而言不只是一种信念，还是一种经常重复的经历。

第二章

CHAPTER TWO

家乡的农场

　　在我最早的记忆中，一年级开学的那天我迟到了一会儿。我走进教室，只看到同学们有的在跑来跑去，有的跳上了椅子，有的甚至还上了桌，场面一片混乱。

　　我的第一反应是好奇。我望着这些同学心想：我应该加入他们吗？模仿他们的行为有意义吗？他们为什么要那样做？我又为什么要那样做？我在门口站了一会儿，试着想通这些问题，找到答案。

　　片刻之后，老师来了。她非常生气。她可不希望新学年就这样开始。为了维护自己的权威并让学生安静下来，她把我树成了纠正错误的榜样。"看人家阿维表现得多好，"她对全班同学说道，"你们就不能学学他吗？"

　　但在当时，我的安静并不是出于美德。我并没有认定静静站着等候老师到来是正确的做法，只是没有想明白加入这场混乱有没有意义。

　　我本想把自己的想法告诉老师，但最后没有，现在回想起来觉得很可惜。我的同学们原本可以从我身上学到一个教训，这个教训我自己最终掌握了，也一直在试着把它教给我的学生。它不是关于你应不应该随大流，而是关于你应该在行动之前花点时间把事情想通。

深思熟虑中包含了因不确定而生出的谦卑。我不仅自己在生活中抱持这种态度，也培养哈佛的学生如此，并将其灌输给两个女儿。毕竟这也是我父母灌输给我的观念。

✦ ✦ ✦

我是在以色列贝特哈南（Beit Hanan）的农场上长大的，那是一个位于特拉维夫以南约15英里的村子。这个农业社区的历史可以追溯到1929年，建成后不久就吸引了178个居民。但是到了2018年，它的居民人数也只增加到548人。在我小的时候，果园和温室都是我们村的特色，里面种了各种水果、蔬菜和鲜花。我们的村子属于莫沙夫（moshav），是一种特殊的村庄。和集体耕种土地的基布兹（kibbutz）不同，莫沙夫由独立的家庭构成，每个家庭都拥有自己的农场。

我家的农场以大片美洲山核桃树闻名，我父亲是以色列美洲山核桃种植业的领头人，不过我们也种橙子和葡萄柚。在我小的时候，那些可以长到100多英尺的美洲山核桃树高耸在我的头顶，柑橘树则不然，它们的果实在成熟时会发出独特而强烈的香气，但高度很少超过10英尺，很容易攀爬。

照料果树并维护必要的机械设备是我父亲大卫的全职工作，他能熟练地解决各种问题。实际上，我对他的记忆大都是通过各种物件维系的：他维修的拖拉机，果园里他照料的树木，还有他在家里和农场各处修理的电器。有一件事我记得特别清晰，那是在1969年夏天，他爬上我们房顶调整天线，为的是确保我们的电视能接收到"阿波罗11号"登上月球的画面。

但是无论我父亲多么能干，农场这么大的工作范围意味着有大量日常杂务需要由我和两个姐姐承担。我们负责养鸡，我在很小的时候就每天下午去拾鸡蛋，还有许多个夜晚我会打着手电去追捕逃出鸡笼的毛茸茸的小鸡。

在20世纪60年代和70年代，也就是我人生的最初20年左右，以色列一直是个风雨飘摇的国家。第二次世界大战后，犹太难民的涌入使以色列的人口增加了约1/3，由原本的200万增长到了300万出头。许多人来自欧洲，大屠杀给他们带来的阴影从来不曾散去。不仅如此，中东的阿拉伯国家也铁了心要与以色列为敌，以色列则坚决捍卫自己的领土。冲突一场接着一场：1956年的西奈战争之后是1967年的六日战争，接着又是1973年的赎罪日战争。虽然在我童年时以色列复国才几十年，但这毕竟是一个浸淫在近代史和古代史中的国家。当时的以色列人和现在一样，知道自己的国家要继续生存的话，他们就必须认真考虑自己的选择会产生什么结果。

这也是一个美丽的国家，贝特哈南村也好，我家的农场也罢，都是孩子成长的绝佳场所。那里的自由氛围激发了我早期的写作灵感，我收集了自己的笔记，摞在书桌最上面的抽屉里。甚至在成年后的大部分时光里我都一直有一个信念：如果我那无拘无束的思想让我陷入麻烦，我总是可以回到童年的那片农场，继续快乐地生活。

我们常常认为生活就是你去过地方的总和，但这是一个错觉。生活应该是事件的总和，这些事件是选择的结果，而那些选择只有部分是我们自己做的。

生活当然也有其连续性。比如我现在从事的科学，就通过一条直线连接到了我的童年。那真是一段纯真的时光，我思考生命中的宏大问题，享受自然之美，流连于贝特哈南的果园和近邻之间，毫不关心自己的地位和声望。

✦ ✦ ✦

把我带到贝特哈南的那根因果链条最初始于我祖父阿尔贝特·洛布（Albert Loeb，在希伯来语中，我们两个同名）逃离纳粹德国的决定。我的祖父比许多人都清醒，他预见到大难或将临头以及局势的快速变化。甚至在第二次世界大战爆发之前，这种局势就预示了犹太人的选择范围将会越来越窄。一旦他选错了路，迎来悲惨结局的危险就会不断增加。

阿尔贝特做出了正确的选择，这对他对我都是一件幸事。他在1936年离开德国，搬到刚建成不久的贝特哈南村。村子里虽然没有几个居民，并且和别处一样，也在遭受风起云涌的战争浪潮的冲击，但这个农业社区是一处比较安全的港湾。他到村里住下不久，我的祖母罗莎和他们的两个儿子也跟着搬去了，其中一个正是我的父亲，当年他11岁。从德国迁居到这个犹太社会之后，我父亲的名字就从格奥尔格改成了大卫。

我母亲萨拉也是从远方搬到贝特哈南村的。她出生在哈斯科沃（Haskovo），也在那里长大。哈斯科沃位于保加利亚首都索非亚附近。因为地理上的巧合，她成了一个保加利亚人而非德国人，因此和家人在战时保住了性命。保加利亚虽然与纳粹结盟，但仍保留了自己的国家主权，所以在希特勒不断要求将犹太人引渡到德国时具有一定的拒绝能力。当死亡集中营的流言传开时，保加利亚的东正教会对引渡提出抗议，保加利亚国王也下定决心拒绝德国的要求。有一点需要说明：国王对外宣称这是因为保加利亚需要犹太人作为劳动力，但是从结果上说，他确实保护了保加利亚的许多犹太人。我的母亲因此享受了一段比较正常的童年。她先是在一所法国修道院学校念书，后来又去索非亚上了大学。不过到了1948年，战后欧洲一片破败，苏联也不断向西扩张，她退学并跟着父母移民到了以色列这个新兴国家。

贝特哈南最初的创立者就来自保加利亚，所以萨拉一家最后搬到这里并不奇怪。然而这个农村与她离开的国际都市、放弃的大学学业截然不同，不过新家也有着它独特的魅力。搬到这里后不久，萨拉就结识了我父亲。他们恋爱、结婚，还生了三个孩子——我的两个姐姐莎莎娜（Shashana）和阿列拉（Ariela），还有生于1962年的我。

在婚后的最初几年里，我母亲把全部身心都奉献给了家庭和社区。她成了村里有名的面包师，我的衣柜也证明了她编织毛衣的才能，但即便是在贝特哈南这个相对闭塞的地方，她仍没有放弃精神生活。我说的不只是她对学术有着那种钻研式的兴趣，还有她将自己的才智运用到现实中去的渴望。因为这一点，也因为她的正直品格，每一个认识她的人都信任她的公正判断，其中既包括贝特哈南的领导，也包括来我们农场寻求她意见的访客。我这个做儿子的更是每一天都在受她的教益。她明确表示了自己对我的人生道路、我的选择和兴趣的关心。就像园丁浇水养育一株植物，她在培养孩子的好奇心时也是专心致志又一丝不苟。

她还追随自己的好奇心。当我长到十几岁时，她回到大学完成了本科学习，接着还去念了研究生，拿到了比较文学的博士学位。学业并没有令她与我们疏远，正相反，在她的鼓励之下，我去旁听了她读本科时修的哲学课，还因为她的敦促，我读完了她书单上的许多书。

是母亲让我爱上了哲学，尤其是存在主义。我曾梦想以思考为生。每到周末，我便会抓起一本哲学著作，多半是跟存在主义有关的作品，包含存在主义者直接创作或是受他们启发而写的小说，然后驾驶拖拉机，开到山丘间的一处僻静场所，一连读上几小时。

在自家农场度过那些平安快乐的日子之后，我一直有一个想法：如果人类真在太空中找到了一个宜居星球，要到那里建立地球文明的前哨，那么最初到那里定居的人，他们的外表和行为很可能和贝特哈南的村民很像。人类历史表明，一个文明在建立前哨时，首要的需求基本是相同的。

可以肯定，他们会把精力放在种植粮食和互相帮助的集体活动上，从最年长的成员到最年轻的成员都是如此。他们每一个人都得足智多谋、多才多艺，要会修理和操作机械，要会种植庄稼，还要会教育后辈。我相信他们会有精神生活，即使身处遥远的外星。我还猜想，当他们的孩子长大成人，别人也会对这些孩子产生对我那样的期待：必须服务社会。

我原本打算做一名哲学家，去研究那些亘古以来人类一直在苦苦思索的基本问题，但这个计划因为以色列对所有年届18岁的公民征兵而延后了。在这个国家，每个人都要入伍效力。由于在中学时表现出了物理方面的潜能，我入选了塔皮奥特部队（Talpiot）。这是一个新的项目，每年选出24名新兵从事与国防相关的研究，同时对他们进行高强度的军

事训练。我的学术抱负只得搁置一旁了。我年少时对让-保罗·萨特和
阿尔贝·加缪等存在主义哲学家著作的研读，并不符合分配给我的这个
新角色。专心学习物理学是我从军那几年最接近智力创造的活动。

虽然穿的是以色列空军制服，但我们被引入了以色列国防军的每一
个分支。我们接受了基础步兵训练，学习了炮兵和工兵的格斗课程，还
学习了如何驾驶坦克，如何负载机关枪通宵行军，以及如何从飞机上跳
伞。还好我体格够结实，身体上的磨炼虽然严格，但尚可忍受。这些训
练之外，我还在耶路撒冷希伯来大学如饥似渴地开展学术研究。

塔皮奥特部队要求我们学习物理学和数学，我感觉它们听起来和哲
学足够接近，况且不管在大学学什么，似乎都比背一把步枪费力蹚泥潭
有意思多了。我抓住这个机会，竭尽全力向政府证明他们没看错人。也
正是在这段时间，我意识到哲学虽然问出了最根本的问题，却往往无法
解答。我发现科学或许能帮我更好地寻找答案。

经过三年的学习和军事训练，到了该工作的时候了。按照规定，我
应该参加一个能立刻投入实际应用的工业或军事项目。但我追求的是一
条更具创造性的道路，一条在智力和研究难度上都更有挑战的道路。我
访问了一处不在军方的研究目标清单上的设施，然后制订了一份跳脱传
统框架的研究计划。当时我已经取得了一系列成就，既有学业上的也有
军事训练上的，塔皮奥特的高层批准了我的计划。他们先让我试行三个
月，然后让我在余下的五年服役期，即1983年至1988年继续从事研究。

我的研究很快发展出了新的方向，其中一些方向军方觉得很有意

思。通过激动人心的科学创新，我为一个新计划搭建了理论（后来还申请了专利），使用放电来推进投射物，使其比传统的化学推进剂所能达到的投射速度还快。这个项目后来扩大了规模，雇用了24位科学家，也成为第一个从美国战略防御计划（SDI）拿到资助的国际项目。战略防御计划又称"星球大战计划"，是美国总统里根在1983年宣布的一个雄心勃勃的导弹防御概念。

那时候冷战已经进行了几十年，这场美国和苏联之间、民主主义和共产主义之间、西方和东方之间的竞赛似乎已经成为世界舞台上的固定戏码。两大阵营都建立了巨大的核武器库，足以摧毁对方好几次。由《原子科学家公报》（*Bulletin of the Atomic Scientists*）的成员构思、旨在向人类警示人造灾难可能性的"末日时钟"，几乎总是设在午夜前7分钟。

星球大战计划就是这场大竞赛的一部分。它设想用激光和其他先进武器摧毁敌方进犯的弹道导弹。虽然计划在1993年被取消，但它对促进冷战结束、加快苏联垮台产生了重大的政治影响。

这项研究也构成了我博士论文的骨架，我在24岁那年完成了该论文。我的专业是等离子体物理学，这门学科研究的是四种基本物态中最常见的一种：等离子体。恒星、闪电和某些电视屏幕都是由它构成的。你可能好奇我的论文题目，它是《利用等离子体中的电磁相互作用将粒子加速到高能状态并使相干辐射放大》（"Particle Acceleration to High Energies and Amplification of Coherent Radiation by Electromagnetic Interactions in Plasmas"），当然比本书的书名难记多了。

+ ✦ +

虽然拿到了博士学位，但我并不确定下一步应该怎么走、会怎么走。我并未和等离子体物理学敲定终身。回到贝特哈南的想法也始终吸引着我。我的心底还有一个强烈的声音，想要来个大转向，回归哲学。然而这根由选择构成的链条——只有部分是我自己决定的——使我走上了另一条道路。

这条道路始于我在服役期间的一次公共汽车之行。当时坐在我身边的是物理学家阿里·齐格勒（Arie Zigler），他恰好提到，在研究生心目中名望最高的工作单位是美国新泽西州普林斯顿的高等研究院（IAS）。后来我去华盛顿同星球大战计划的工作人员会过面，又到得克萨斯州大学奥斯汀分校参加过一次等离子体物理学会议，这两次我都遇见了"等离子体物理学的教皇"马歇尔·罗森布卢特（Marshall Rosenbluth）。我知道他之前的学术家园正是高等研究院，于是向他请教了详情。他当即表示支持我去那里做短期访问。我听了备受鼓舞，立刻打电话给高等研究院的行政主任米歇尔·塞奇（Michelle Sage），问她我能否下周就去访问。她的回答是："我们这里不是随便谁都能访问的。请给我发一份你的简历，我看了之后再通知你能不能来。"

我没有被吓退，发了一份清单过去，上面列出了我的十一篇出版物，并在几天后又给她打了电话。这一次她答应在我离开美国之前给我安排一次访问。等我在约定的那天早晨早早到达她的办公室后，她对我说："现在只有一位教员有空，弗里曼·戴森（Freeman Dyson），我带你去见他吧。"

我激动坏了。我记得在量子电动力学的课本上见过戴森的大名。我刚和戴森在他的办公室里坐定他就说道："哦，你是以色列来的。你认识约翰·巴赫考尔（John Bahcall）吗？他很喜欢以色列人。"他一定发现了我脸上困惑的表情，于是又解释说："他的妻子内塔（Neta）就是以色列人。"我坦言自己从未听说过这个男人，更别说他的妻子内塔了。

原来约翰·巴赫考尔是一位天体物理学家。此后不久我就和他吃了午饭。饭后他邀请我再到普林斯顿去访问一个月。我后来才知道，他利用我们吃饭之前的那段时间做了一次海外调查，找到了以色列最著名的几位科学家，包括尤瓦尔·内埃曼（Yuval Ne'eman），询问他们对我的看法。不管他们对他说了什么，总之到我的第二次访问快结束时，约翰邀请我去他的办公室，为我提供了一笔久负盛名的五年奖学金，但有一个条件，就是我得改学天体物理学。

我当然答应了。

✦ ✦ ✦

当第一次有人鼓励我将职业生涯奉献给天体物理学时，我连太阳为什么发光都不知道。得知巴赫考尔的专业领域是名为中微子的弱相互作用粒子如何在太阳中心形成时，我对这一领域的无知就越发显得尴尬了。到那时为止，我关注的还都是地球上的等离子体以及它们在地球上的应用。

我要说明一点，巴赫考尔知道我从前的研究方向，但他仍然向我发出了邀请。他敢于冒这个风险，我当时就觉得他与众不同，现在似乎更是如此。（现在的学术圈已经不同往日，我觉得人们不太可能再给一个年轻学者提供这样的机会。）无论之前还是现在，我都很感激他。我接受了他的邀请，并且打定主意要证明，巴赫考尔对我的直觉，还有这一路帮助过我的那些杰出科学家的直觉是正确的。

虽然我必须学习这个领域的基本词汇以写出原创论文，但这个领域于我而言并不陌生。等离子体是物质在高温下的一种状态，在这种状态下原子分裂成一片由带正电的离子（失去了部分电子的原子）和带负电的自由电子构成的汪洋。虽说今天宇宙中（包括恒星内部）大多数的普通物质都处于等离子体状态，但这个领域的研究是在实验室的环境下进行的，和宇宙中的情形相当不同。我发挥自己的优势，在天体物理学领域开辟了第一个重要的研究前沿：宇宙中的原子物质是在什么时候、以何种方式转化成等离子体的。这也由此开启了我对早期宇宙[①]的痴迷，也就是所谓的"宇宙黎明"（cosmic dawn），它已经具备了恒星诞生的条件。

在高等研究院待了三年之后，我在同事们的鼓励下申请了初级教职，其中一个职位在哈佛大学天文学系，我是他们的第二人选。哈佛天文学系很少给初级教员提供终身教职，所以有的候选人会在接受职位之前犹豫，排在我前面的第一人选就犹豫了。

而我欣然接受了这一职位。现在回想，当时我做这个决定时想得非常清楚。我知道，即使他们不提供终身教职，我也始终可以回到父亲的农场，或者回归我的学术初恋——哲学。

我在1993年来到哈佛。三年后，我拿到了终身教职。

---

① 通常指大爆炸宇宙论中复合期以前的宇宙。

✦ ✦ ✦

从那以后，我渐渐明白了一件事：约翰·巴赫考尔不但相信我可以应对从等离子体物理学到天体物理学的转变，而且将我看成了和他志趣相投的人，甚至可能把我看成了年轻时的他自己。巴赫考尔刚进大学时也想学习哲学，但他很快意识到物理学和天文学是通向宇宙最基本真理的更直接的道路。

我在告别约翰和高等研究院之后不久也产生了类似的感悟。当我1993年接受哈佛大学的初级教职时，我明白想在职业生涯上大转向，重归哲学已经太迟了。更重要的是，我渐渐相信自己和天体物理学的这桩"包办婚姻"其实让我找回了旧爱——它只是换了一套衣裳。

我渐渐意识到，天文学研究的都是以往被限制在哲学和宗教领域内的问题。这些问题中有许多大哉问——"宇宙是如何起源的？""生命是如何开始的？"我还发现，凝视浩瀚太空、思索万物之始终可以帮助我们回答另一个问题，那就是"什么样的人生是值得一过的？"。

往往这答案就在眼前，我们只需要鼓起勇气接受它。1997年12月，我在访问特拉维夫时经人介绍去见了奥弗里特·利维亚坦。我对她一见钟情，这份爱改变了一切。虽然在地理上相隔遥远，我们却任由这份友情不断加深。我之前从未遇见过像她这样的人，而且相信今后也不会再遇见了。

在我看到奥陌陌存在的证据很久以前，我就明白了一个道理：接受摆到你面前的证据，并怀着好奇、谦卑和决心去追寻它们可以改变一切，在生活的方方面面皆是如此——前提是你要对数据中包含的可能性保持开放心态。幸运的是，直到生命中的这一刻，我始终如此。

　　两年之后我和奥弗里特结婚了。和我一样，她也终于在哈佛的轨道上找到了自己的位置，做了学校新生研讨课项目的主任。我们住在波士顿附近的一栋老房子——其建成时间就在爱因斯坦提出狭义相对论之前，在那里养育了两个女儿。这根因果链条的开端是我祖父在1939年做出的离开德国的决定，接着是我父母在贝特哈南的相识，最终是我和奥弗里特在列克星敦养育了克莉尔和洛特姆。这让我明白，哲学、神学和科学之间仅隔着细细的一条线。看着孩子们渐渐长大成人，我意识到我们生命中最平凡的行为中包含着什么不可思议的东西，它可以一直追溯到宇宙大爆炸。

　　随着时间的推移，我对科学的喜爱略微超过了哲学。哲学家将许多时间用于内心的思考，科学家则致力于和世界对话。你向自然提出一系列问题，然后从实验中仔细聆听回答。如果你在这个过程中足够坦诚，那会是一段令人谦卑的有用体验。爱因斯坦的相对论之所以成功，不是因为它形式上的优雅——这个理论是在1905年至1915年间通过一系列论文的发表得以建立的，但是它被人接受还要等到1919年，当时英国皇家天文学会秘书、天文学家阿瑟·埃丁顿爵士（Sir Arthur Eddington）用观测证实了相对论的预言：太阳的重力确实会使光线发生弯曲。在科学家看来，理论和数据碰撞之后留下的东西才是美的。

　　虽然对于年轻时着迷的存在主义问题，我的研究手法已经和萨特或加缪迥然不同，但我相信，当年那个开着拖拉机去贝特哈南的山丘间读书的少年，一定会对现在这个结果满意。他也一定会欣赏那一连串的机会和选择：从一次相亲开始，最后成就了列克星敦的一个家庭。

　　但现在我还理解了我们家族故事中的另一个道理，那是我年轻时所无法理解的。近些年，当我研究进入太阳系的星际访客时，我一直将这个道理牢记在心。

有时候，几乎是出于偶然，某个极其稀有又特殊的东西会出现在你的人生道路上。看清那个东西，你的人生就会发生改变。

✦ ✦ ✦

我相信，我的这条非同寻常的人生之路早已让我准备好和奥陌陌相遇。从科学的角度看，我的经历教会了我自由和多元是多么重要——在选择研究课题时要自由，选择合作伙伴时要多元。

天文学家与其他研究者进行对话是极有益的，包括社会学家、人类学家、政治学家，当然还有哲学家。不过我也发现，在学术界，跨学科研究的命运往往有如被冲上海岸的稀有贝壳：要是没有人把它们拾起来妥帖保存的话，它们就会随着时间的流逝而遭受侵蚀，直到被无情的海浪拍打成无法辨认的沙砾。

在我的职业生涯中，有好几次我都可能被引上其他不那么幸运的道路。我在工作中认识了许多学者，他们的资历不逊于我，却没有享受到我这样的机会。只要对学术界的教员做一番诚实的调查，就会发现许多人的成就是被他们得到和失去的机会决定的。几乎所有行业都是如此。

我知道自己曾因别人提供的机会受益，所以我也尽力帮助年轻人发挥他们的潜能，尽管这意味着要挑战正统观念，有时甚至要挑战那些危害更大的正统做法。为达成这个使命，我努力在教学和研究中对世界保持一种在别人看来或许有些孩子气的态度。如果真有人那么想，我也不会生气。以我的经验来看，孩子比许多成人更加忠于自己内心的方向，也不像他们那样做作。一个人越是年轻，就越是不太可能钳制自己的思想来模仿周围其他人的行为。

　　对科学的这种态度让我敞开心扉，接受一些更远大（有人或许会说是更加冒险）的可能，这些可能性本来就蕴含于我所研究的课题之中。比方说，我觉得望远镜在2017年10月观测到的那个在空中翻滚的星际物体奥陌陌，并不是一个自然形成的天体。

第三章

CHAPTER THREE

异常现象

都说科学就像侦探故事。对天体物理学家来说，这句老话还有些别的含义。没有哪个领域的科学侦查能在尺度和概念上像天体物理学这样多元。我们侦查的时间范围始于宇宙大爆炸之前，终于时间尽头，我们还认识到时间和空间的概念是相对的。我们的研究小到夸克和电子这些已知的最小粒子，大到宇宙的边缘，其间的万事万物都或直接或间接地被包含在我们的研究范围之内。

我们的侦探工作还有许多不完善的地方。我们仍不明白构成宇宙的主要成分到底有什么性质，出于无知，我们只能给它们贴上"暗物质"（它们在宇宙中的质量大约是构成宇宙可见普通物质的五倍）和"暗能量"（支配着暗物质和普通物质，还引发了宇宙加速膨胀的奇怪现象，至少目前还在加速）的标签。我们也不明白是什么引起了宇宙的膨胀，黑洞里又在发生什么——自多年前转攻天体物理学以来，我就一直浸淫于这两个领域的研究。

我们不知道的实在太多，以至于我常常怀疑：如果存在另一个研究了十亿年科学的文明，它会把我们看作智慧生命吗？我猜想，假如他们真的给予了我们这种待遇，那一定不是因为我们知道了什么，而是因为我们知道的方式，也就是我们对科学方法的忠诚。我们自命的所有"宇宙智能"能否成立，就看我们能否保持开放的态度追寻数据，来证明或者推翻这些假说了。

一个天体物理学家的侦探故事往往发端于实验或观察数据中发现的一次异常，一条违反我们预期、无法用已知理论解释的证据。每当这种时候，常规的做法总是先提出各种解释，然后对照新的证据将它们逐一排除，直到发现正确的解释为止。举例来说，弗里茨·兹威基（Fritz Zwicky）在20世纪30年代早期对暗物质的发现就是如此。这个发现基于一个观察：星系团的运动需要的物质超过我们在望远镜里看到的那些。兹威基的发现直到20世纪70年代才受到重视，因为当时关于星系中的恒星运动以及宇宙的膨胀速度都有了新的数据，为他的理论提供了决定性证据。

这个筛选过程可以使整个领域的研究者分化乃至决裂，各种解释互相矛盾，其支持者也互相对峙，直到一方拿出明确的证据为止，但证据并不是每次都有的。

关于奥陌陌的争论就是这种情况，因为缺乏明确的证据，这场争论至今仍未停歇。不过我首先要承认，科学家在这件事上获得明确证据的可能性非常渺茫。我们不可能追上奥陌陌的步伐并为它拍照。除了手里这点数据，我们再也不可能获得其他证据，我们的任务就是提出假说来充分解释这些证据。这当然是一项纯粹的科学工作。没有人可以生造出新的证据，没有人可以忽略与假说不符的证据，也没有人可以像老动画片里科学家解复杂方程式那样，插入一个数值，"然后奇迹发生了"。但有一种选择是最危险也最令人担忧的，那就是宣布奥陌陌"没什么好再观察的了，应该向前看了。我们已经知道了所能知道的一切，现在最好继续之前的研究吧"。可惜的是，在我写作本书时，许多科学家似乎已经决定做出这种选择了。

围绕奥陌陌的科学争论起初是较为平静的。我将其归因于在那个时候，我们还没有发现这个物体最撩人心弦的异常之处。一开始，这个侦探故事看起来就像一个一目了然的案件，最可能成立的解释就是把奥陌陌说成一颗星际彗星或小行星，这也是最简单最常见的一种解释。

但是随着2017年由秋入冬，我却和国际科学界的相当一部分成员一样，对那些数据产生了疑惑。我和他们一样，无法将现有的证据和"奥陌陌是一颗星际彗星或小行星"的假说完全匹配起来。正当我们所有其他人都努力使证据符合假说时，我开始构想另一个假说来解释奥陌陌不断增加的奇异性。

+ ✦ +

无论我们对奥陌陌得出什么结论，大多数天体物理学家都会同意，不管在当时还是现在，它都是一个不同寻常的物体。

首先，在发现奥陌陌之前，我们还不曾真正在太阳系中观测到过星际物体。单是这一点就已经让奥陌陌开创了历史，也足以吸引许多天文学家的注意，促使他们收集更多数据，对数据的分析又使这些天文学家发现了更多不同寻常之处，从而吸引了更多天文学家的注意，如此循环往复。

发现这些异常之后，真正的侦探工作才刚开始。我们对奥陌陌越是了解，就越是明白媒体说它神秘一点都不夸张。

当初夏威夷的天文台刚一宣布发现奥陌陌，甚至奥陌陌还在向外太阳系逃逸的时候，全世界的天文学家就把各种望远镜瞄准了它。科学界的态度，说得委婉一点是好奇。这就仿佛有人来你家吃了顿晚餐，但直到她出门走向那条暗巷，你才忽然意识到她的种种古怪之处。我们对这位星际访客产生了疑问，而收集信息的时机又迅速消失，于是我们赶忙重温了之前收集的关于这位"晚宴客人"的数据，并在"她"消失于夜色之际观察了"她"逐渐远去的背影。

一个紧要的问题是：奥陌陌到底是什么样子？我们当时没有一张清晰的照片可供参考，现在也没有。但我们的确有许多来自望远镜的数据，在近11天中，那些望远镜已经尽可能收集了能收集到的一切。在将望远镜对准奥陌陌后，我们立刻开始确认一条特别的信息：奥陌陌是如何反射阳光的？

我们的太阳仿佛一根路灯柱，不仅照亮了所有围绕它运转的行星，还照亮了每一个离它够近且大小足以从地球上看到的物体。要理解这一点，你先要明白：在几乎所有的情况下，任意两个物体在经过彼此时都会做相对旋转。记住这一点，再想象一个标准的球体穿过我们太阳系并疾速掠过太阳的场景。在这一过程中，这个物体表面所反射的阳光量始终不变，因为这个翻转球体朝向太阳的面积始终不变。但如果是球形以外的物体，它在旋转中反射的阳光量就会不同。比如，一只橄榄球会在长边面向太阳时反射较多的阳光，等翻转到尖头面向太阳时则反射较少的阳光。

对天体物理学家来说，一个物体的亮度变化提供了关于它形状的珍贵线索。就奥陌陌而言，它的亮度每8小时变化10倍，我们由此推断，8小时就是它完成一周旋转所用的时间。这一剧烈的亮度变化则告诉我们，奥陌陌有着极端的形状，它的长度至少是宽度的5到10倍。

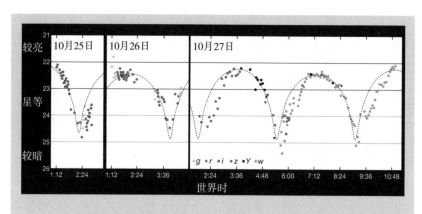

图为几台望远镜在2017年10月的3天中所观察的奥陌陌的亮度变化。图中黑点表示在色谱的可见光波段和近红外波段通过不同滤光片所测量出来的结果。奥陌陌每8小时旋转一周，其间反射的阳光量也周期性地变化10倍左右（约2.5星等）。这说明它有着极端的形状，长度至少是宽度的5到10倍。白色虚线表示如果奥陌陌是一个长宽比为10∶1的椭圆体的话，预计会得到的亮度曲线。

图片来源：Mapping Specialists, Ltd. adapted from European Southern Observatory/K. Meech et al.（CC BY 4.0）

除了这些数值，我们还有一条关于奥陌陌大小的证据。我们可以肯定地说，这个天体是比较小的。它的轨道靠近太阳意味着它表面的温度应该很高，只要它的尺寸稍大，美国国家航空航天局在2003年发射的斯皮策太空望远镜（Spitzer Space Telescope）就能用红外相机拍摄到它。然而，斯皮策的相机却没有感应到奥陌陌发出的一丝热量。我们由此猜想，奥陌陌的体积一定很小，小到望远镜难以观测到。我们估计它的长度在100码左右，大约是一个橄榄球场的长度，宽度不到10码。别忘了，即使是一个薄如剃刀的物体，在空中任意旋转时往往也会有一定的宽度，因此奥陌陌的实际宽度可能更小。

我们暂且假设这些估值中较大的那些是准确的，即这个物体有几百码长，几十码宽。这意味着，就长宽比而言——或者说高宽比，奥陌陌的几何结构比我们见过的形状最极端的小行星或彗星还要极端至少好几倍。

想象你放下手中的这本书外出散步，在路上遇见了许多人。他们或许都是陌生人，模样也肯定各不相同，但是看他们的身材比例，你立刻就能认出他们是人类。在这样一群路人中，奥陌陌就好比是一个腰部比手腕还细的人。看到这样一个人，你要么怀疑自己的视力，要么怀疑自己对"人"的理解。实际上，这也是天文学家在开始分析奥陌陌的早期数据时所面临的两难困境。

+ ✦ +

和所有好的侦探故事一样，在发现奥陌陌后大约一年的时间中出现了一些证据，使得我们抛弃了某些理论，也排除了几个不符合事实的假说。奥陌陌在旋转中的亮度变化是一条关键的线索，让我们了解了它肯定不是什么样子，又可能是什么样子。说到它可能的样子，这个天体偏小的尺寸和极端的比例（长度至少是宽度的5到10倍）意味着它只可能有两种形状。我们的这位星际访客要么是雪茄似的细长一条，要么是薄饼似的扁平一块。

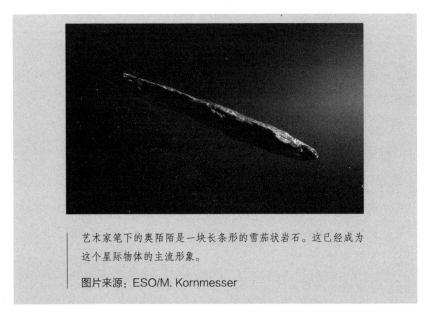

艺术家笔下的奥陌陌是一块长条形的雪茄状岩石。这已经成为这个星际物体的主流形象。

图片来源：ESO/M. Kornmesser

不管像什么，奥陌陌都是罕见的。如果它是长条状，那我们从未见过任何自然形成的空间物体是这个大小、这般细长。如果它是扁平状，我们也从未见过任何自然形成的空间物体是这个大小、这般扁平。要知道，相比之下，我们此前在太阳系中见过的所有小行星，长宽比最多只有3。而我刚才说过，奥陌陌在5到10之间。

还有更罕见的。

除了体积小、形状怪，奥陌陌还亮得出奇。它的尺寸虽小，但是在掠过太阳并反射阳光时却十分明亮，和太阳系中典型的小行星或彗星比，它所反射的阳光量至少是前者的10倍。如果科学家为奥陌陌设定的最大尺寸——几百码——是它实际尺寸的几倍（这看来是可能的），那么它的反射率就会接近前所未有的数值，其亮度会近似于一块闪光的金属。

✦ ✦ ✦

当奥陌陌的发现最初被报道时，所有这些奇异的特性都引起了人们的注意。它们共同向天文学家提出了一道难题，还要求他们提出一个假说，以解释为什么一个自然形成的物体（当时还没有人主张它不是自然形成的）从统计学上看会具有如此罕见的特征。

科学家们推测，或许这个物体具有奇异特性是因为它在到达太阳系前长达数十万年的星际旅行中接触了宇宙辐射。从理论上说，电离辐射确实能显著侵蚀星际岩石，但我们并不清楚这一过程如何能塑造出奥陌陌这样的形状。

奥陌陌的奇异特性也可能来自它的起源。或许它是被某个行星的引力弹弓猛地射进宇宙里的，这样就可以解释它的部分特性。如果一个大小合适的物体与一颗行星保持适当的距离，那颗行星的一部分确实可能被扯出来射进星际空间，像弹弓一样。反过来说，那颗行星的一部分也可能是从绕着太阳系外围运行的一层冰状物体中被轻轻扯出来的，这层物体类似于我们太阳系的奥尔特云。

从上述的两种可能，即奥陌陌的飞行经历和它的起源出发，我们可以各提出一个假说。如果奥陌陌的奇特形状和反光性质就是它的全部特性，两种假说或许都能使人满意。那样的话，我仍会保持好奇，但会就此罢手。

不过因为一个简单的原因，我禁不住成为这个侦探故事的一分子：奥陌陌还有最引人注目的一个异常。

奥陌陌围绕太阳加速运行的那段距离偏离了我们仅凭太阳引力算出的轨迹。为什么会这样？没有什么显而易见的解释。

对我来说，这是在对奥陌陌进行的为期两周左右的观察中，我们收集到的最令人惊讶的数据。奥陌陌的这一反常特性，和科学家们收集的其他信息一道，很快会使我对它提出一个新的假说。就是因为这个假说，我和大多数的科研机构产生了分歧。

✦ ✦ ✦

我宣布自己就奥陌陌提出的假说之后引发了一阵骚动，其间我曾面对满满一房间的记者和许许多多伸向我的麦克风。那时我刚刚结束了三场长达一小时的采访。午饭时间到了，我肚子很饿，因此我没有为自己就奥陌陌提出的假说进行详细的辩解，只是向记者们提到了天文学界的一位前辈，希望他的事迹可以鼓励大家保持开放的头脑。

我提醒记者们注意伽利略在17世纪的一则宣言：他从望远镜里看到的证据表明，地球在围绕太阳运转。这是科学编年史上我们最熟悉也最常说起的故事之一：1610年，伽利略出版了专著《星际信使》（Sidereus Nuncius），他在其中描述了自己用一架新望远镜对行星进行的观察，还根据看到的证据宣布他支持太阳系的日心说。伽利略的数据显示，地球连同所有其他行星都是围绕太阳转动的。这完全和天主教会的教义背道而驰，因此教会指控他宣扬异端邪说。伽利略参加了一场审判，据说指控他的人根本不愿看一眼他的望远镜里有些什么，结果伽利略被判了异端罪。余下的近十年人生中，他始终被软禁。

伽利略被迫放弃了他的数据和发现，并公开宣布撤回地球围绕太阳运转的声明，但是根据传说，他在事后曾悄声低语："可地球就是在动的呀。"这则传说很可能是虚构的，可即便它是真的，也无关紧要了，至少对可怜的伽利略来说是如此。公论已经盖过了证据。

当然，我并没有在记者招待会上讲述这些细节，只是提了提这位著名天文学家的故事。意料之中的是，有一名记者突然发问："你是在自比为伽利略吗？"不，完全没有。我希望传达的是历史对我们的教诲：对于奥陌陌，我们要不断地回顾证据，用证据检验我们的假说，如果有人想叫我们闭嘴，我们也可以悄悄对自己说上一声："可它就是飞偏了呀。"

要理解奥陌陌的偏轨为何如此反常，它又为何使我提出了一个招致如此剧烈的争议和反驳的假说，我们有必要回到基本事实。我们先来回忆一条支配万物的物理学基本定律，那就是艾萨克·牛顿爵士的第一运动定律："任何物体都将保持静止或匀速直线运动状态，直到外力迫使它改变这种状态。"

一只台球在球桌上静止不动，任凭另外十四只球在它周围快速滚过；它仍像这样保持静止，直到另一只球击中了它。

一只台球孤零零地在球桌上静止不动，直到一根台球杆击中了它。

一只台球在球桌上静止不动，直到有人抬起了桌子一头。

一只台球在球桌上静止不动，直到球桌的中央忽然出现了一个锥形凹坑。

在后两种情况中，重力支配了球桌，台球随之移动。一旦动了，它就会沿着一条直线运动下去，这条直线的方向取决于作用在球上的力。它会继续这样运动下去，直到有另一个力作用于它。

奥陌陌进入我们太阳系时，其轨迹大致垂直于地球和其他行星围绕太阳转动的轨道平面。正如太阳会对这八个行星以及一切围绕它转动的物体施加引力一样，它也会对奥陌陌施加引力。2017年9月9日，奥陌陌以接近20万英里的时速绕着太阳飞驰了一段，从太阳的引力中获得了动量，然后改变了运动方向。在那之后它继续飞行之旅，穿过并飞出了太阳系。

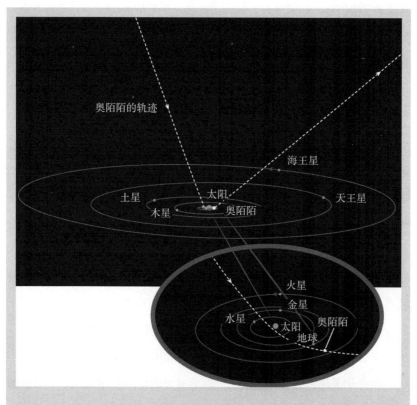

奥陌陌穿过太阳系时的路径，图中显示了2017年10月19日它与各大行星的相对位置（小图），这一天它被泛星计划发现。不同于之前被观测到的所有小行星和彗星，这个天体不受太阳引力的约束。奥陌陌来自星际空间，它在经过太阳附近时受力加速，然后返回星际空间。

图片来源：Mapping Specialists, Ltd., adapted from ESO/K. Meech et al. (CC BY 4.0)

运用物理学的普遍定律，我们能够准确地预测一个特定物体在快速飞过太阳附近时的轨迹。然而奥陌陌的轨迹却和我们的预测不同。

2018年6月，研究者报告说奥陌陌的轨迹偏离了单由太阳引力决定的路线。它的偏离程度不大，但从统计学上来看相当显著。因为它是加速离开太阳的，有一个额外的力在推它，这个力一路变小，大致与奥陌陌和太阳距离的平方成反比。太阳本该吸引物体，怎么会施加一股相反的斥力呢？

太阳系中的彗星也会像奥陌陌一样偏离轨道，但它们自带一条彗尾，这条彗尾是由尘埃和阳光加热冰块形成的水蒸气构成的。

要是你运气不错，那已经在自家的后院看到过彗星了。如果还没有，你肯定也看过了彗星的照片或是艺术家描绘的彗星。它们的中心（也叫"彗核"）泛着模糊的柔光，被照亮的彗尾在后面拉得老长。彗星之所以会发光、有尾巴，是因为它们其实是大小不一的冰岩。这些冰块的主要成分是水，但是因为里面包含了随机分布的宇宙物质，它们往往也含有其他成分，比如氨、甲烷和碳。无论这些冰块的成分是什么，它们一般都会蒸发为气体和尘埃，并在彗星飞近太阳时散射阳光，由此形成了彗星的彗发，也就是蒸发的冰块和碎片构成的那一圈包裹彗星的大气，它使彗星发出柔光并产生独特的彗尾。

如果这条尾巴使你想起从火箭尾部喷出的燃料，那就对了。彗星不断蒸发的冰块形成一道喷流，推动着彗星前进。因为这一火箭效应，一颗喷气的彗星会偏离单由太阳引力决定的轨道。实际上，天文学家观测这样一颗彗星时可以对它做出精确的计算。当我们看到一颗喷气的彗星并测量出它的偏离程度，我们就能算出它放弃了多少质量来获取这股额外的推力。

如果驱动奥陌陌的那股额外推力也如彗星一般来自火箭效应，那么要像奥陌陌这样飞行，这个星际物体应该会失去其质量的1/10。这不是一道微乎其微的喷流，不可能那么容易就被我们的望远镜忽略。然而，对奥陌陌周围太空的深度观测却没有显示出任何水、碳基气体或尘埃的迹象，由此排除了它是由类似彗星喷发的蒸汽或可见的尘粒推动的可能。另外，如果奥陌陌像许多彗星那样，会因为单侧喷流而飞偏，那么它的自旋速度就会发生变化，但它并没有。再者，这样大的蒸发量还应该改变奥陌陌的翻转周期，太阳系中的彗星就是如此。不过我们并没有记录到奥陌陌的自旋速度有这样的变化。

最终，奥陌陌的所有神秘都可以追溯到一点：它偏离了预测的轨道。任何关于奥陌陌性质的假说都必须解释这一偏离，这意味着所有相关的假说必须解释奥陌陌所受的力，同时必须尊重一个事实：如果奥陌陌的后面有气体和尘埃构成的彗星似的尾巴，这条尾巴一定极其轻薄，以至于无法被我们的设备探测到。

在我写作本书时，科学界已经团结到了一个假说周围，即"虽然比较奇怪，但奥陌陌仍是一颗彗星"。这个假说的优点之一是我们非常熟悉它。我们观察的许多彗星，轨迹都偏离了单由太阳引力决定的路线。我们也知道它们为什么会偏离：在所有例子中，都是由于喷气。

但是就像我在前面解释的那样，奥陌陌并没有喷气的迹象。可它还是飞偏了。

我们知道，斯皮策太空望远镜上安装的红外相机并没有拍摄到奥陌陌喷气。自2003年升空以来的近20年中，斯皮策一直在我们上方约1.55亿英里的太空中旋转，收集着极其详尽的宇宙信息。2009年，它的液氦——用来冷却部分设备以使望远镜正常运行——储存用尽，但那台红外阵列相机却一直拍摄到2020年1月才关闭。

斯皮策太空望远镜的红外相机是测量彗星的二氧化碳排放量的理想工具。对一台红外相机来说，只要二氧化碳的量足够，它就可以看得一清二楚。因为彗星的冰冻混合物中一般都含有碳，也因为二氧化碳是这种混合物在热量和压力的作用下蒸发时常见的副产品，所以我们经常会使用斯皮策去观测经过的彗星。

当奥陌陌快速掠过太阳时，红外阵列相机已经接受过30个小时的训练。就算奥陌陌当时只喷出微量二氧化碳，这台相机应该也能观测到。但实际上，相机什么也没拍到——既没有发现这个物体的一丝尾气，当然也没有拍到这个物体本身。（有趣的是，斯皮策太空望远镜也没有探测到奥陌陌散发出的任何热量，这意味着奥陌陌要比普通的彗星或小行星更亮，因为只有那样，它才能既反射那么多阳光，又小到不产生多少热量。）

在一篇总结这些发现的论文中，几位研究红外阵列相机数据的科学家承认他们"没有探测到这个物体"。不过他们又接着说："奥陌陌的轨迹显示了非引力加速度的存在，这种加速度对大小和质量都很敏感，大概是气体排放产生的。"

大概。在句子中间插入这样一个模棱两可的词语之后，作者们又用一句话精确地总结了他们的论文摘要："本项研究的结果增加了关于奥陌陌的起源及其演化的神秘性。"

其他科学家也使用先进的设备记录到了和红外阵列相机获取的数

据相似的结果。2019年，天文学家们查看了太阳和日球层探测器（Solar and Heliospheric Observatory，即SOHO卫星）以及日地关系观测台（Solar Terrestrial Relations Observatory，STEREO）于2017年9月初拍摄的图像，当时奥陌陌已经到了近日点（离太阳最近的点）附近。SOHO卫星和日地关系观测台都是为了观测太阳建造的，并非用于寻找彗星（虽然在SOHO卫星发现它的第3000颗彗星之后，美国国家航空航天局宣称它为"史上最伟大的彗星猎手"）。和斯皮策一样，SOHO卫星及日地关系观测台并没有在其观测区域发现任何东西；对这些设备来说，奥陌陌就跟隐身了一样。这只能说明一点：奥陌陌的"产水速度"很小，"比此前报告的任何限度都至少小了一个数量级"。

虽然没有被斯皮策的红外阵列相机、SOHO卫星以及日地关系观测台发现，但奥陌陌确确实实飞偏了。

为了解释奥陌陌的奇特轨迹，同时又保住它是一颗彗星的假说，科学家把关于它的大小和成分的理论扩展到了极限。比如有科学家提出，奥陌陌上的冰完全是由氢构成的，这种极端的成分构成可以解释为什么红外阵列相机没看见它。（只要喷出的气体中含有碳，红外相机就可以看见，但如果喷出的是纯氢气，它就看不见了。）对于这个观点，我和韩国同行蒂姆·黄（Thiem Hoang）写了一篇详尽的论文。我们经计算得出，一座在星际空间中飞行的氢冰山，会在到达我们的太阳系之前很久就蒸发殆尽。氢是自然界中最轻的元素，由它构成的冰面在星际辐射、气体、尘粒和高能宇宙线的加热下很容易蒸发。实际上，太阳系的外围有许多暴露在同等严酷环境下的冰冻彗星（它们得不到太阳风的保护，因为太阳风会被离太阳更近的星际介质的压力所阻挠）。但如果一颗冰冻彗星完全由氢构成，或者完全由其他什么物质构成，那会是极不寻常的一件事。我们之前还从来没见过和这种彗星有丝毫相似之处的东西。

或者说，我们还不知道有什么自然形成的东西是这样的。人造的当然就不同了，比如在太空火箭里，纯氢就是首选燃料。

无论奥陌陌喷出的是不是纯净的氢气，这个喷气彗星假说还有一个解释不通的地方：奥陌陌在飞偏时，它的加速太过顺畅平稳了。要知道彗星都是些丑陋的岩块，它们的表面粗糙不平，散布着冰块。太阳融化冰块，彗星得以喷气产生推力这个过程就是在那些粗糙多坑的表面上发生的。你想必料到了这会有什么结果——彗星会颠簸着加速。但是据我们观察，奥陌陌的加速却并非如此，甚至正好与这相反。

一颗自然形成、百分之百由氢冰构成的彗星，从某个位置开始喷气产生平稳加速度的概率有多大？大约和自然的地质过程形成一架航天飞机的概率差不多。

不仅如此，如果要达到奥陌陌偏离的程度，从统计学上看，它的总质量中还必须有很大一部分通过喷气被消耗掉。奥陌陌在太阳引力之外受到了很大的推力，约为太阳引力加速度的1/1000。要让彗星式的喷气过程造成这样的偏离，奥陌陌消耗掉的质量至少要达到总质量的10%。这是很大的一个比例。我们给奥陌陌设定的体积越大，这个比例换算成的实际质量自然也越大。同样是10%的质量，一个1000米长的物体损失的质量要比一个100米长的物体多得多。

因此，奥陌陌喷出的物质越多，我们就越不可能观察不到它。反过来，为了解释为什么没有观察到它喷出的物质，我们也可以假设奥陌陌的体积很小，但我们越是这么假设，它的光度和长宽比就越是显得奇怪，它也必须比我们原先想的更亮才行。

+ ✦ +

一个物体偏离单由太阳引力决定的路线，喷气并不是唯一的解释，还有一种解释和这个物体的解体有关。

如果一个物体破碎、分裂，变成几个周围包裹着尘埃和颗粒的较小物体，那么这几个物体就会走上新的轨道。因此，如果奥陌陌在飞临近日点时开始分裂，那么这种解体也可能使它偏离由太阳引力决定的路线。

这样解释奥陌陌的运动轨迹也会产生一个问题：和喷气假设一样，我们的望远镜应该会记录到一些什么。如此一来，它们应该记录到奥陌陌在解体之后产生的碎片和尘埃。但是正如冰块中不太可能不含有碳元素，分解的岩石中更不可能没碳。不仅如此，一组较小的物体是否会像一整个物体那样运动，同样令人怀疑。现有的证据显示，奥陌陌每8小时就翻滚一周，就像是一个保持着极端形状却非常稳定的单一物体。

奥陌陌是平稳加速的，这一点同样违背了它在近日点附近破碎，失去大量质量以至偏离轨道的假说。我们的仪器并没有观测到能表明其破碎和解体的残片。事实上，我们看到了相反的证据：它在顺畅、平稳地加速。如果奥陌陌开始分裂，那么它在分裂中继续平稳加速的概率同样是无穷小的。试想一个被扔到空中的雪球突然炸开，那些碎块的运动轨迹不可能毫无变化。

要让这一解体假说成立，我们就只能对奥陌陌的成分提出更加奇怪的假设，只有那样才能解释为什么我们没有看到碎裂残片产生的蒸汽。按理说，那些碎片应该会让我们的仪器观测的对象变得更多才对。因为岩石解体产生的大量碎片会使有效总表面积增加，从而产生比原来的物体更多的类似彗星喷发的气体和热量。

此外还有一条证据不能忽视：施加在奥陌陌上的那股使它偏离轨道的额外的力，和奥陌陌与太阳距离的平方成反比。如果这股额外的推力是由喷气产生的，那么当这个物体迅速飞离太阳时，我们应该观测到它更快地减速才是。冰与水的蒸发会因为阳光热量的不足而停止，终结火箭效应。一枚火箭耗尽了燃料，它所提供的额外推力就会瞬间消失。在这之后，物体将会沿着推力消失前的轨迹继续飞行。但奥陌陌并没有这样。再说一遍：作用在它上面的力并没有忽然消失，而是和它与太阳距离的平方成反比，逐渐变小。

除了喷气，还有什么可以推动奥陌陌以幂律分布的形式平稳地前进？一种可能是奥陌陌的表面通过反射阳光获得了动量。但是要让这种可能成立，奥陌陌的表面积与体积之比就必须大到不同寻常。这是因为阳光的推力只作用于物体表面，而具有特定密度的物体的质量会随着它的体积而增加。因此，一个物体由于光照出现的加速度，会随着它表面积与体积之比的增加而增加，一个薄到极点的物体从阳光中获得的加速度是最大的。

当我在报告中读到，奥陌陌受到的额外作用力和它与太阳距离的平方成反比减少时，我开始思考如果不是喷气或者解体，又是什么在推动着它。我能想到的唯一解释就是从它表面反射的阳光，像风鼓起一张薄薄的风帆。

✦

别的科学家也在忙着构建各自的解释。为了找出一种兼容所有证据的理论，美国国家航空航天局喷气推进实验室的一位科学家提出了一个新的假说，他依据的发现是，沿着近似抛物线状轨道运行的小彗星在即将到达近日点时有解体的倾向。他指出，奥陌陌可能就是这样的命运。当偏离由太阳引力决定的轨道时，它已经变成了一团松散的尘埃云。或者用他更加精确的语言来说，奥陌陌变成了"一个由松散尘粒构成的脱挥（devolatilization）聚集体，可能具有奇怪的形状、独特的旋转性质和极高的孔隙率，这些都是它在解体过程中获得的"。

但是，无论这团尘埃如何松散，这一假说仍要求脱挥了的奥陌陌保持一定的整体性。毕竟，解体后剩下的东西只有在结构上保持足够完整，我们才能观察到它快速飞走。所谓"脱挥"指的是一个物体（比如一大块煤）被置于某些条件（比如高温）之下，并在这个过程中失去了某种元素。有一个脱挥的例子我们都很熟悉，那就是一大块煤被不断加热，最后变成了焦炭。

这个假说认为，如果一颗不含碳元素的彗星经过脱挥变成了一个孔隙率高且形状奇特的物体，从统计学上看，它就可以像我们观测到的奥陌陌一样，在轨道中产生显著的偏离。但这个假说的成立还需要一个条件：这团结构松散的尘埃云在偏离轨道时不能因为"太阳辐射压力"产生可见的喷气或者碎片。

几个月后，太空望远镜科学研究所（Space Telescope Science Institute）的一位研究者也提出了一个相似的概念，认为奥陌陌是一个冰冻的多孔聚集体。这位科学家曾在十年前与我合作，当时我们根据太阳系中的数据，首次预测了恒星之间有大量物体存在。这一预测结果比解释奥陌陌所需的数量级要小——另一个隐含的反常现象。现在我的这位同行又想解释奥陌陌的异常运动了。她经过计算得出，要让阳光产生足够的推力，奥陌陌这个多孔物体的平均密度就必须极低，得低到稀薄程度是空气的一百分之一才行。

试想一下：这个物体形如细长的雪茄或是一张薄饼，面积堪比一个橄榄球场，它质地坚固，每8小时翻转一周，却又非常蓬松，质量是一朵云的1/100。这样的假说，说得客气点是看似合理，尤其因为它依据的完全是我们的想象，但在现实中谁也没有见过这样的物体。当然，我们也可以用这个理由来否定一个自然形成的雪茄状物体，或是一个自然形成的薄饼状物体。我们从没见过像奥陌陌这种有着极端形状的物体，无论其是否蓬松。

让我们暂时忽略奥陌陌的构成成分，来更加仔细地考察一下它的形状。在一张早餐桌上，没有人会把上面的一根雪茄和一块薄饼搞混。它们是形状迥异的两种东西。那么，当我们想象在太空中翻飞的奥陌陌时，真的就只有这两种奇特的形状可以选择吗？

为了回答这个问题，又有一位科学家重新审视了证据，他是来自麦克马斯特大学（McMaster University）的天体物理学家。他评估了所有符合数据的亮度模型，并推导出奥陌陌呈雪茄状的可能性是很低的，而它呈碟形的概率达到了91%左右。当你无数次看到艺术家把奥陌陌描绘成一块雪茄形状的岩石时，你就应该想起这个比例。当你读到有人为天然形成的长条状物体提供解释时也要记住这个比例，比如有人会说，当物体沿着一条罕见轨道飞近一颗恒星时，高温熔化和潮汐拉力会使它变成长条。你要记住这种过程的发生概率是很低的，我们在讨论奥陌陌的时候已经讨论过了。

　　那么，有没有什么更简单的途径可以形成一个表面积与体积之比符合要求的薄饼状物体呢？是有的。你可以制造一台薄而坚固的设备，让它正好能在太阳辐射压力的作用下如此偏离轨道。

第四章

CHAPTER FOUR

星之芯片

在奥陌陌被发现多年前，我就对寻找地外文明产生了兴趣，我认为地球可能不是唯一有生命的行星。我的这份兴趣源于科学和证据，而非科幻作品。我热爱说故事，也热爱科学，但是就像我坦言的那样，我对那些违背物理定律并鼓励读者沉迷于"不可能之事"的故事相当担心：它们不仅会阻碍科学的发展，还会阻碍我们自身的进步。

毕竟，当我们拥有了很大的可能性，谁还需要不可能呢？单是地球上存在智慧生命这一点，就足以支持我们用科学的态度去认真寻找宇宙中的其他生物了，而不必再诉诸虚构。

自从踏入天体物理学这一行，我就一直持有这个想法。但是直到2007年我才公开了这个特殊的兴趣。当时，我和宇宙学家马蒂亚斯·萨尔达里亚加（Matias Zaldarriaga）一起提出了监听外星无线电信号的主张。

这可以说是我第一次提出这个主张，事实证明，它会带来许多改变。

+ ✦ +

我和马蒂亚斯的这个不同寻常的监听计划源于我对早期宇宙的研究。当我在1993年从普林斯顿高等研究院转到哈佛时，宇宙的黎明就吸引了我的注意。我当时正全力思考一个问题：恒星最初是何时"亮起来"的？换句话说，自然规律在何时宣布了"要有光"？多年后，对恒星诞生的思索将引导我去思考不同的文明可能会如何监听彼此。但在当时，这还是一个我没有办法回答的问题。

简单地说，追溯宇宙的最早期需要倾听原始氢元素发出的微弱无线电信号——氢是宇宙间最丰富的元素。要做到这一点，最好的办法是使用能够搜索早期氢元素踪迹的望远镜。氢的固有波长是21厘米，但宇宙最早期的氢的波长会被宇宙黎明以来的宇宙膨胀拉长（波长会向光谱的红端移动，因此变得更长，这就是"红移"）到几米。

到了21世纪前10年的中期，这个原本只在理论上可行的实验研究领域变成了现实。长波无线电望远镜终于开始建造了。其中一架——默奇森大视场阵（Murchison Widefield Array，MWA）建在澳大利亚西部的沙漠之中。那是一个国际项目，参与者有来自澳大利亚、新西兰、日本、中国、印度、加拿大和美国的科学家以及研究机构。

和世界上的许多天文台一样，这片数公里宽的天线网络特地选了一个偏远的地方以避开污染——这里指的不是光污染，而是人类制造的无线电广播。我们的电视机、手机、电脑和收音机发出的辐射频率都会被默奇森望远镜接收到，干扰它搜索早期宇宙的原始氢元素发出的无线电信号。这个例子再次说明，技术进步未必会帮助天文学家，反而可能妨碍他们。

一天，正当我和马蒂亚斯等人共进午餐时，这些无线电波污染让我突发奇想：既然我们的文明以那一频率发出了如此多噪声，那或许别的文明也在这么做。我和马蒂亚斯研究的那些恒星中或许就隐藏着这样的外星文明。

这是一个突如其来的直觉性想法，起初只是引起了马蒂亚斯的一阵大笑。但是后来我听说基础问题研究所（Foundational Questions Institute，FQXi）正在开始征求不受传统束缚的创意项目，我俩便觉得这是一个值得更认真对待的问题了。我们过去都没做过相关的课题，没有历史包袱，也都有着主流科学家的名声，于是我向马蒂亚斯提议，不如将这则餐桌上的趣事发展成一个原创性的研究项目。当时有一个"SETI"（寻找地外智慧生命）研究所，但它始终游离于主流科研机构之外，无线电探测设备和分析方法也比较落后。我们这两个宇宙学家都和这个研究所没有牵连，所以我们的项目得到了更多的信任和经费。

✦ ✦ ✦

我早就知道在天文学内部，SETI 面临着敌意。我也一直觉得这种敌意匪夷所思。主流的理论物理学家已经广泛接受了在我们熟悉的三维（长、宽、高）和第四维——时间之外还有额外的空间维，但其实那些额外维的存在并无任何证据。同样，这个星球上许多备受推崇的头脑都相信多重宇宙假说，即有数量无限的宇宙同时存在，任何可能发生的事件都在其中一个宇宙中发生着，但是我们同样没有任何证据证明这种可能。

我的不满并非针对这种观点。无论如何，理论本就该丰富多彩（说不定它们能带来可重复的实验，从而提供支持性的证据）。令我感到不满的其实是"寻找地外智慧生命"经常遭受的怀疑。和理论物理的有些分支相比，在宇宙中的其他地方寻找已知在地球上存在的东西和生命现象，实在可算是一条保守的研究路线。银河系中包含数百亿颗地球大小的行星，它们的表面温度也和地球相似。总体来看，在银河系约2000亿颗恒星中，有大约1/4的周围运行着和地球一样宜居的行星。就我们所知，它们的表面环境允许液态水的存在，也可以进行生命的化学反应。既然已经有如此多的行星（在银河系里就有500亿颗之多！）拥有和地球相似的宜居环境，那么智慧生命很有可能已经在别处演化出来。

这还只是计算了银河系中的宜居行星。如果再加上宇宙范围内可以观测到的其他星系，宜居行星的数量就会增加到10^{21}颗。这个数字比地球上所有海滩上的沙砾加起来还多。

这种对地外智慧生命的抵触，部分是出于保守心态，许多科学家都采取了这种态度，以将他们在职业生涯中所犯的错误数降到最低。这是阻力最小的一条路，走起来也很顺当。以这种方式保持形象的科学家们获得了更多荣誉、更多奖赏和更多经费。可悲的是，这也加剧了回波效应，因为这些经费被用于组建更大的研究团队，他们鹦鹉学舌，表达同样的想法。这些想法像雪球般越滚越大：保守的思想在一间间回波室中被放大，扼杀了年轻研究者天生的好奇，其中大多数人明白，要想得到职位就必须随大流。如果不加以遏止，这股风气就会把科学共识变成一个自我实现的预言。

一旦对解释做出限定，或给我们的望远镜蒙上眼罩，我们就可能错失新的发现。想想那些拒绝往伽利略的望远镜里看一眼的牧师吧。科学界的偏见或者封闭思想（随你怎么说都可以）在寻找地外生命，尤其是地外智慧生命这件事上表现得特别普遍，特别强烈。许多研究者甚至不愿意考虑一个奇怪的物体或现象或许是一个先进文明存在的证据这种可能性。

这些科学家中的有些人声称，他们对这类假说看都不会看上一眼，否则就太瞧得起它们了。但是我也说过，另外一些假说被主流科学界奉为神论，比如多重宇宙的存在，比如弦理论预言的额外维，尽管这些理论毫无观测证据，或许永远都不会有。

我会在本书后面的章节说说 SETI 和科学界对它的抵触，因为只有当你充分了解这个话题的含义时，它的重要性才会更加凸显。现在我只说一句：和许多主流科学理论相比，对地外生命，乃至地外智慧生命的寻找并不是一桩臆想的事业。毕竟，一个技术文明已经在地球上出现，而且我们也知道宇宙中有许多和地球相似的行星。

+ ✦ +

我和马蒂亚斯开展监听外星文明的研究并不是因为我们觉得很快就能听见那些文明的信息，而是因为我们相信，这种研究有助于将人们的注意和努力引向另一个问题：我们在宇宙中是孤独的吗？

在和马蒂亚斯合作的几年里，我越来越被与"寻找地外智慧生命"相关的课题所吸引。我想知道有什么基于证据的方法可以回答其中的指导性问题。再加上它与一系列唤起我好奇的研究有关，像是黑洞的本质、宇宙的起源及接近光速旅行的可能，我不知不觉就结交了一群兴趣相投的学者，包括几个一心寻找地外智慧生命的科学家。

之后，我和普林斯顿大学的天体物理学家埃德·特纳（Ed Turner）一道，率先思考了如何着手寻找人工光线存在的证据。我们都觉得，运用我们的现代望远镜，或许可以找到一艘宇宙飞船或是一座遥远的城市发出的微光。后来在弗里曼·戴森的鼓励下，我们又把这个问题反过来，开始思考在冥王星（现在已经被重新归类为矮行星）这颗当时太阳系中最遥远的行星上，人们能否看见一座规模及亮度和东京相当的城市。我们的主张更具理论性，而非实践性；我们从来没有认真考虑过将望远镜对准冥王星这颗冰冻星球以寻找城市，这个思想实验倒是为了回答如下问题：我们（以及其他文明）怎样才能在闪烁的群星中找到一座城市明显的光线印记？

结果表明，如果你使用一架技术上如哈勃空间望远镜一样精密的仪器，并投入足够长的时间来寻找人工光线，那么你确实可以在太阳系的边缘看到"东京"。你还可以依据这些光线会如何随着和太阳距离的增加而变暗，辨别出这些光线是"东京"自身发出的，而非它对日光的反射。

到2014年时，我已经因为对"人类在宇宙中是否孤独"的认真思考名声在外，就连《体育画报》（*Sports Illustrated*）的一个作者都找上了我，要我谈谈国际足球联合会主席提出的一个假想：有没有可能在不同的行星间举办一场世界杯？那位主席说这话时多半是在打趣，但《体育画报》还是想找人来谈谈这个想法的可行性。我努力向那个作者介绍了这样一场比赛的各种障碍，从运送球员所必需的技术到合适的比赛场地，再到商定比赛所需要的大气条件，不过我首先指出的是那个最显而易见的困难：我们得先找到可以作为对手的智慧生命才行。

但实际上，我们和这个目标的距离比我当时想的更近，因为大约也是在那个时候，尤里·米尔纳（Yuri Milner）找上了我，他的目的可要严肃得多。

◆ ◆ ◆

尤里·米尔纳是一位身家亿万的硅谷企业家，浑身散发着一股强烈的决心。他生于苏联，在莫斯科国立大学学习理论物理，后来又到美国宾夕法尼亚大学沃顿商学院进修，获得了工商管理硕士学位，并成为一位成就斐然的投资者。他投资过的企业包括脸书、推特、瓦次普（WhatsApp）、爱彼迎（Airbnb）和阿里巴巴。

2015年5月，尤里和美国国家航空航天局埃姆斯研究中心的前主任皮特·沃登（Pete Worden）来到我在哈佛-史密森天体物理中心的办公室，邀请我加入他们即将启动的一个新项目，后来这个项目被命名为"摄星计划"（Starshot Initiative）。他们想要支持一支团队，让他们设计一艘宇宙飞船，并将它发射到离我们最近的一个恒星系——半人马座阿尔法星。这个星系包含3颗围绕彼此转动的恒星，和地球的距离约为4.27光年。

尤里会推进这样一项事业并不使人意外。在2012年时，他就和妻子朱莉娅（Julia）设立了"生命科学突破奖"（Breakthrough Prize in Life Sciences）。这个奖每年颁给国际上三个领域的学者——基础物理学、生命科学和数学，每个奖项的金额是300万美元。不到一年时间，尤里和朱莉娅就吸引了一群志同道合的企业家出资颁奖，包括脸书的创始人之一马克·扎克伯格（Mark Zuckerberg）、谷歌的创始人之一谢尔盖·布林（Sergey Brin）和23andMe的创始人之一安妮·沃西基（Anne Wojcicki）。

到2015年时，尤里又希望用更直接、更雄伟的方式来推进那些令他激动的科学项目，于是他发起了"突破计划"（Breakthrough Initiatives）。这个计划的目标明确无误，就是为人类面对的两个最基本的问题寻找答案：我们在宇宙中是孤独的吗？如果共同思考、一起行动，我们能够跨一大步、跃入群星之间吗？

尤里对这两个问题的痴迷始于年轻时代，当时他读了苏联天文学家约瑟夫·什克洛夫斯基（Iosif Shklovskii）在1962年出版的《宇宙、生命和智慧》（*Universe, Life, Intelligence*）一书。什克洛夫斯基后来和美国天文学家卡尔·萨根（Carl Sagan）合作，写出了此书的英文版——《宇宙中的智慧生命》（*Intelligent Life in the Universe*）。尤里的志趣或许也和他的名字有关：他父母以苏联著名的宇航员尤里·加加林（Yuri Gagarin）为他命名。在小尤里出生的1961年，加加林成为第一个乘飞船进入太空的人。

这是艺术家对比邻星b的描绘，它是太阳系外离我们最近的宜居行星。这颗行星在2016年8月被人类发现，其质量大约是地球的1到2倍，围绕比邻星运转。比邻星是一颗红矮星，质量约为太阳的12%，距地球约4.24光年。比邻星b的表面温度与地球相当，但是因其与暗淡的主恒星过于接近，科学家认为它已被潮汐锁定，因而一面始终是白昼，另一面始终是黑夜。

图片来源：ESO

实际上，在尤里正式提出请求之前，我就已经准备向他提供帮助了。他对探索地外生命怀有大胆而真诚的兴趣，这一点和我完全一致。但是他的期望仍令人生畏。尤里告诉我，他想让我主持一个项目，即发射一个探测器到半人马座阿尔法星这个三星系统，以确定那里是否存在生命。困难在于这个项目必须在他有生之年完成。我向他要了六个月的时间来确定合适的技术理念。

我和自己的学生及几个博士后一起，仔细研究了能够实现摄星计划目标的几个选项。我们在半人马座阿尔法星系统内发现了一个诱人的目标，那就是离地球最近的恒星比邻星。令我们喜悦的是，摄星计划对外公布才几个月，科学家就在这颗红矮星周围的宜居带上发现了一颗行星——比邻星b。

目前地球往太空发射的飞船都是用化学火箭推进的，而一枚化学火箭要花10万年左右才能飞到比邻星b。尤里当年56岁，他明确了项目要在他有生之年完成，所以用推进火箭肯定是行不通的。

要在几十年的时间内飞到比邻星b，我们的宇宙飞船就必须能够以光速的1/5飞行。但即便使用能量密度最高的核燃料（更高的是反物质，但我们弄不到），我们仍不可能使推进火箭飞到上述速度。牛顿第二运动定律（物体的加速度取决于物体的质量和它所受的力）也决定了我们的飞船必须越轻越好。

将一个物体加速到理想的速度会消耗巨大的能量。物体越轻，需要的能量就越少。相应而言，我们这艘宇宙飞船的有效载荷只能是区区几克。这就引出了另一个难题。我们的这艘宇宙飞船不仅要在远少于10万年的时间内飞过遥远的距离，还必须在飞到比邻星后拍下照片，并用我们可以接收的方式将照片传回地球。它必须又轻又小，造价也不能太高。这就决定了它的照相机和发射机都要和今天的移动电话相似。按照我们的计算，对移动电话技术略加改造应该就够用了。

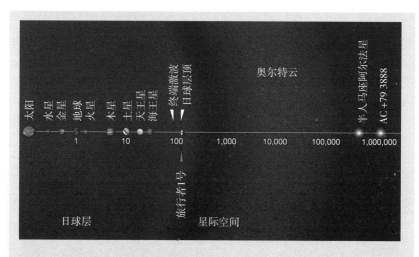

如果使用传统的化学推进火箭，那么前往最近的恒星系统，即大约4光年外的半人马座阿尔法星，需要飞行上万年的时间。要是这枚火箭在第一批人类走出非洲时发射，到现在才刚刚到达目的地。奥尔特云标志着太阳系的边界，位于前往半人马座阿尔法星的半道上。上图以日地距离（一个天文单位）为距离单位。2012年，"旅行者1号"穿过日球层顶，那是太阳风和星际气体相互碰撞的地方。

图片来源：Mapping Specialists, Ltd. adapted from NASA/JPL-Caltech

我们淘汰了几个想法，并对剩下的想法做了修正，最后我们商讨出了一个计划：发射一艘轻质宇宙飞船，并给它连接一块反射帆，实际上就是一面镜子。"太阳帆"——靠日光施加的压力推进的人造物体——这一想法，其实在几百年前就已经产生了。早在1610年，约翰内斯·开普勒（Johannes Kepler）就在给伽利略的信中写到了"利用天上的微风航行的船或帆"。但是制造这样一个物体却直到20世纪70年代才有了一点点的可行性。第一个困难是光被吸收之后会转化成热量，这是任何一只寻找一块晒得到太阳的地方打盹的猫或狗都知道的事。因此我们的这面镜子不能是普通的镜子，它对照射于其上的光线的吸收率不能超过十万分之一，这样才不至于被烧毁。此外，我们还必须用一道极强大极精准的激光照射这面光帆。

这个想法同样不完全是我们的原创。用激光推进光帆的想法在我出生的那一年（1962年）就有了，提出者是高瞻远瞩的罗伯特·福沃德（Robert Forward），后来别的科学家又进一步发展了这一想法，比如菲尔·卢宾（Phil Lubin），将其纳入小型电子设备和现代光学设计。但在我们之前，它还从没有如此接近过现实。

我们经计算得出，用一束1000亿瓦特的激光照射一块大小和人体相当的光帆，不出几分钟，光帆和连接在上面的照相机及通信设备就能被推动，进而加速到光速的1/5，这时飞船和地球的距离将是月地距离的5倍。可以说，这段距离就是飞船的开放式跑道。在这段距离内，激光束可以将飞船加快到足够的速度，使其发射后能在我们有生之年飞到最近的恒星。

我们提出的一切都在现有的技术框架之内。难吗？难。贵吗？有点。这将是花费最多的科学项目之一，和欧洲核子研究中心（CERN）的大型强子对撞机（Large Hadron Collider），或者詹姆斯·韦伯空间望远镜（James Webb Space Telescope）是一个级别，但是会比阿波罗登月便宜。（许多人在听说摄星计划之后都坦言，从50多年前的阿波罗登月计划之后，他们就没有对太空探索这么兴奋过。）这也将是一个很有效率的项目。一旦建成，这套发射系统还可以将许多类似的飞船送入太空。其实更适合它们的名称或许是"探测器"，但是我们已经习惯用

"星之芯片"（StarChips）来称呼它们了。

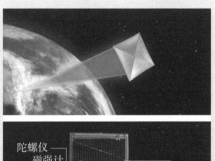

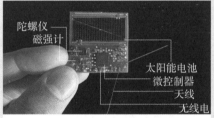

陀螺仪
磁强计

太阳能电池
微控制器
天线
无线电

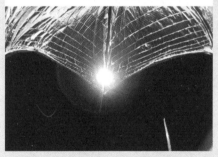

上图：艺术家对摄星计划的描绘，即用强力激光束将一面光帆推到地球之外。

中图：一个轻质电子设备（"星之芯片"）的示例图，它可以和照相机一同连接到光帆上。

下图：行星学会（Planetary Society）在2019年7月23日部署的"太阳光帆2号"，阳光正透过它那块约32平方米的光帆。

图片来源：Breakthrough Starshot/A. Loeb（上图及中图）和Planetary Society（下图）

2015年8月，研究刚刚开始数月，我就和我的博士后研究员詹姆斯·吉约雄（James Guillochon）合写了一篇关于光帆的论文。我们认为，既然人类能够发明这项技术，那么别的智慧生命或许也能。从这个假设出发，我们主张科学家应该在宇宙中寻觅地外生物可能用来将同类型的飞船送入群星之间的那种微波束。

当我们的论文于2015年10月在《天体物理学杂志》（*Astrophysical Journal*）上发表时，摄星计划还未正式对外公布，我和詹姆斯也只介绍了我们团队针对摄星难题想出的可能解决方案的一个研究结果。但是作为最先对尤里的提议做出评估的人，我们发的这篇论文还是很有意义的。

这篇论文的发表还产生了意料之外的结果：它引起了媒体的注意。吸引媒体的关注从来不在我的研究目标之列，我之前在提出暗物质、第一代恒星和黑洞的假说时也都不曾怀抱这个目的。现在回想起来，我意识到媒体的这种意外关注预示了事情未来的走向。

回到哈佛，我们继续工作，就在我和尤里以及皮特·沃登见面6个月后，我接到了皮特的电话。这在我的意料之中。他和尤里想让我报告一下我们团队的成果。他们想要我去尤里·米尔纳位于加利福尼亚州的家里报告，两周后就去。

当初我雄心勃勃，只要了6个月的时间，来起草一份在大约20年后到达最近那颗恒星的可行方案。现在我得赶紧把方案总结出来了，这样才能说服一个专家小组为它提供资金。这个小组的成员包括斯蒂芬·霍金（Stephen Hawking），他是当时仍然在世的理论天体物理学家中最有名的一位。除他之外，还有其他杰出的科学家来评审我提交的方案。弗里曼·戴森常常和我通信询问这项研究，他也开始对摄星计划表现出了兴趣。

接到皮特的电话时我还在度假，刚刚走出酒店客房的房门，准备前往一处静谧隔绝的山羊农场。这座农场位于以色列南部的内盖夫地区，去那里度周末是我妻子的主意。于是翌日早晨，我来到农场的办公室外，背靠墙壁坐着准备报告。农场的办公室是那一带唯一有网络信号的地方。

对我来说那是一个理想的工作环境。天气干燥凉爽，举目望去能看见前一天刚刚出生的山羊。这一切都是那么熟悉，令我想起了小时候自己与两个姐姐阿列拉和莎莎娜一起成长的那片农场。那时我负责去拾鸡蛋，还要在刚出生的小鸡逃出鸡笼时把它们抓回来。就是在这样熟悉的环境中，我写出了人类利用光帆技术发射第一个星际探测器的方案。

两周之后，我来到了尤里·米尔纳位于帕洛阿尔托的家中，宣布我们已经想出了符合他规定条件的方案。在我们有生之年发射一艘飞船到比邻星，在技术上是可以做到的。

尤里听了既满意又兴奋，皮特也是。又经过几个月的广泛讨论之后，他们决定在纽约世界贸易中心1号楼楼顶的天文台宣布摄星计划，时间定在2016年4月12日。那是属于尤里的夜晚，是对1961年4月12日尤里·加加林代表人类首次进入太空的纪念。当晚在讲台上，我和尤里·米尔纳站在一起，我们的身边还有弗里曼·戴森和斯蒂芬·霍金。专家小组宣布摄星计划这一历史性的画面被电视台的工作人员记录下来，播送到了全世界。第二天早晨，我妻子开车出去换油。一般都是我去换油，汽修工觉得奇怪，便问她我去哪儿了。奥弗里特告诉他由于昨晚宣布的计划影响太大，我已经不能随便出门了。汽修工答道："这个计划真了不起，关于它的新闻报道我全都读了。"在我们有生之年拜访另一颗恒星的可能大大激发了公众的想象，使人想起了当年"阿波罗11号"登月的盛况。

摄星计划被宣布之后才17个月，奥陌陌就出现在了泛星计划的望远镜中。

✦ ✦ ✦

让我们暂时先停一停，扼要地回顾一下在发现奥陌陌之后的几周中出现的关于它的证据：这是一个体积较小、形状奇怪、闪闪发光的天体，它偏离了由太阳引力决定的轨道；虽然斯皮策太空望远镜和其他探测器对它做了深入搜索，但是没有发现可见的彗尾（彗星上的冰在摩擦和太阳温度的作用下化作蒸汽喷出的现象）。

这些是已经确定无误的事实。我们由此可以自信地宣布，奥陌陌的头三个异常特征，即它不带彗尾的反常轨道、它的极端形状，还有它的光度，都使它与人类记录的所有其他天体相比，呈现出统计上的明显差异。如果将它的独特性表述为统计学术语，我们则可以保守地说：鉴于其受到的额外推力及其缺乏彗尾的事实，奥陌陌可说是几百里挑一的天体。又鉴于其形状，我们同样可以保守地说它是几百里挑一。再鉴于其反射率，我们还可以（同样保守）说它至少是十里挑一的天体。当我们将这三个反常的特质相乘，就会明白奥陌陌是何等另类了。这时它就变成了一个百万里挑一的天体。

我们还知道，这三个特质，即轨道、形状和反射率，并没有穷尽奥陌陌的所有异常。但光是这三点显然就已经违背了人们天真而简单的期许，他们希望这位前所未有的星际访客和穿越我们太阳系的那些已知的岩石小行星以及冰冻彗星差不多。

然而即便确定了这些特质，大部分科学家也还是牢牢抓着他们最熟悉的解释，认为奥陌陌一定是一个自然形成的天体，不是小行星就是彗星。我说的是大部分科学家，不是全部，因为你知道，就算在我们这个圈子里也有另类。

当奥陌陌出现时，关于摄星计划的研究还清晰地停留在我的脑海之中，于是作为另类中的一员，我不由自主地被引向了另外一个假说。

第五章

CHAPTER FIVE

光帆假说

2018年9月初，就在奥陌陌从我们头顶飞过大约一年之后，我为《科学美国人》（*Scientific American*）撰写了一篇文章，介绍寻找外星文明（特别是已消失的文明）遗迹的意义。我以开普勒卫星的数据为基础，指出我们已经知道大约有1/4的恒星拥有大小和地球相当的宜居行星。在这些宜居行星中，即便只有一小部分在其恒星的一生中创造出了和我们相似的技术文明，那也意味着银河系中可能有大量遗迹等着我们去探索。

我推测，这些宜居行星中有些可能存在过往文明的证据，比如大气痕迹或是地质痕迹，甚至有废弃的巨大建筑。然而更有意思的却是另外一种可能：我们或许会发现穿过我们太阳系的技术遗迹，只是已经检测不到它们的功能了。比如在数百万年的飞行中失去能量、沦为太空垃圾的设备。

我接着写道，我们完全有可能已经找到了这样一件技术遗迹。我提到了前一年秋天发现的奥陌陌，并罗列了我们为它收集的反常证据，然后我反问了一句：从它偏离预定轨道并具有其他异常特性判断，"奥陌陌怎能不是一个人造引擎呢"?

和我提出监听外星文明的想法一样，这也只是一个稍纵即逝的念头。要不是因为星之芯片在我脑中挥之不去，我或许很乐意让它一闪而过。

大约在这个时候，一位新的博士后研究员什穆埃尔·比亚利（Shmuel Bialy）来到了哈佛的理论与计算研究所，当时我正在那里担任所长。我向他提议我们合写一篇论文，用阳光辐射来解释奥陌陌额外的加速现象。因为之前在构思摄星计划时对光帆做了研究，我很熟悉靠光帆技术进行星际旅行在科学上的局限和可能。相关的公式还历历在目，正好可以用来解释日光对奥陌陌施加的奇特推力。要说明的是，我当时的态度仅仅是"那或许说得通"。天文学界发现了一个激动人心的事物，一个星际天体，关于它我们收集了一批使人困惑的数据。我们面前的事实很难用一个假说全面解释。当我向比亚利提议用阳光来解释奥陌陌的偏离时，我遵循的是我一贯奉行的科学信条：提出一个假说满足所有应被考量的数据。

比亚利查看着数据，兴致越来越高；我的这个假说看来行得通。不过这也会引出一个新的问题：要解释奥陌陌的偏离，我们应该怎样假设它的大小和构成呢？关键是，奥陌陌要薄到什么程度，才能让它获得极大的表面积与体积之比，以解释它额外的加速度？我们最后断定，要让阳光发挥作用，奥陌陌的厚度必须小于1毫米才行。

左侧是艺术家对奥陌陌作为光帆的假想图,右侧仍是艺术家将奥陌陌描绘成一块长条形的雪茄状岩石图。

图片来源: Mark Garlick for Tähdet ja avaruus/Science Photo Library

从这个厚度出发可以推出一个显而易见的结论:自然不可能创造出我们假设的那种大小和构成的物体,所以这样一张光帆一定是某种东西或某种人制造出来的。换句话说,奥陌陌肯定是由某种地外智慧生命设计、建造并发射的。

这是一个不同寻常的假说,毋庸置疑。但它并不比其他用来解释奥陌陌反常特性的假说更不同寻常。大自然似乎并不会创造出纯粹由氢构成的彗星,也不会创造出由比空气稀薄又具有结构黏性的物质组成的蓬松尘云。而我们这个结论的特殊性,几乎完全建立在奥陌陌并非自然形成的物体这一假设之上。

这个光帆推论或许显得古怪,但得出这个推论并不需要任何大胆的思维跳跃。我和什穆埃尔走的是一条合乎逻辑的道路。我们追随了证据,也继承了科学侦探工作的伟大传统,严格遵守了福尔摩斯的那句格言："当你排除了所有不可能的情况，剩下的无论多么不可思议，都必定是事情的真相。"由此我们得出了这个假说：奥陌陌是地外文明的造物。

我们将这些想法写进了一篇论文，题目是《太阳辐射压力可以解释奥陌陌的奇怪加速吗？》（"Could Solar Radiation Pressure Explain 'Oumuamua's Peculiar Acceleration?"）。在文中，我们还探讨了关于奥陌陌的一系列其他问题。我们描述了它在宇宙中高速飞行时可能遭受的破坏，比如撞上宇宙尘埃，或是旋转产生的离心力所造成的持续张力。我们讨论了这些破坏可能会对奥陌陌的质量和速度造成的影响，发现影响甚微。我们列出一个又一个的公式，用手头的数据得出了关于它厚度和质量的结论，并指出厚度和质量决定了它的表面积与体积之比。在文章最后，我们提出了自己的假说："如果辐射压力是引起奥陌陌加速的力，那么奥陌陌就代表了一类新的稀薄星际物质，它们要么是自然形成的……要么是被创造出来的。"

"考虑到奥陌陌可能是一种造物，"我们继续写道，"那么它有可能是一面光帆，是某种高科技设备飘浮在星际空间中的残片。"

2018年10月末，我们将论文投给了《天体物理学杂志通讯》（*Astrophysical Journal Letters*）。这是一份久负盛名的科学期刊，专门刊登话题新鲜的高影响力论文。我们的意图是吸引科学家同行的注意，因为我们知道他们正在认真地用证据考量不同的假说。而我们提出的这一假说也应该被考虑。本着这种想法，我们将未经同行评审的原稿发在了预印本网站arXiv.org上。科学记者经常会在arXiv上搜索选题，很快就有两名记者发现了我们的研究，并迅速报道了我们的假说。他们的文章如"病毒"般传播开来，到了2018年11月6日，也就是奥陌陌被发现后一年左右，世界就炸开了锅。

✦ ✦ ✦

第一批媒体报道刊出后几小时内，我就陷入了相机的包围。尽管大多数美国人都在排队为竞争激烈的中期选举投票，却还是有四个电视摄制组挤进了我在马萨诸塞州剑桥市花园街的办公室里。我一边努力回答他们的提问，一边应对报社记者源源不断的电话和电邮问询。

因为之前写过多种主题的论文，我已经对应付大众媒体有了一些经验，然而这一次媒体的热度是前所未有的，我都有点招架不住了。我正准备动身前往柏林，但这样也抵挡不住记者的攻势。我是要去那边的"倒墙研讨会"（Falling Walls Conference）上做一次公开演讲。这个研讨会致力于宣传那些突破性进展，让社会关注最新的科技——"倒墙"二字名副其实。

我冲回家抓起行李箱，但还没等我回到车上，另一个摄制组就赶到了，他们查到了我家的地址。面对站在家门口的我，记者问道："您相信宇宙中存在外星文明吗？"

我对着镜头答道："宇宙中有1/4的恒星拥有大小及表面温度和地球相仿的行星，要是认为我们独一无二就太自大了。"

等我到达柏林走下飞机时，国际媒体也做出了和美国媒体一样的反应。而这一切发生时我们的论文甚至还没有发表。

考虑到媒体的关注，也考虑到我们有必要为这一假说呈现更多的事实依据，《天体物理学杂志通讯》在11月12日刊出了我们的论文。实际上，在我提交论文三天后，他们就已经接收并决定发表了，这是我整个科研生涯中发文最快的一次。

我很感谢这篇论文能发出来，这意味着有越来越多的科学家在考虑用我的假说解释奥陌陌留下的证据。然而我也绝对不会抱有幻想，认为学术界有相当一部分人会像接受许多别的另类解释一样接受"奥陌陌来自地外文明"这一假说。我猜想大多数学者根本不愿考虑这个观点，甚至会有科学家对它产生敌视情绪。我很清楚，任何与 SETI 科学家的想法为伍的主张都会受到普遍的怀疑。

公众对此流露出的浓厚兴趣（在我们的论文发表之后变得越发浓厚）似乎出人意料，因为在我看来，这个假说还算是比较温和的。就在一年之前，在读了几篇和氢原子（研究发现它们在早期宇宙中的温度比我们预想的更低）的反常现象有关的报告之后，我和另一位哈佛的博士后研究员朱利安·穆诺茨（Julian Munoz）联合发表了一篇论文，指出如果暗物质由携带微弱电荷的粒子构成，它们就会给宇宙中的氢原子降温，造成报告中的反常现象。虽然这个假说发在了《自然》（Nature）杂志上，而且它的猜测性远远超过我和比亚利对奥陌陌是外星科技的假说，大家对它的关注却少多了。

要澄清的是，虽然我尽量尽职尽责地承担宣传义务，但我并不爱出风头，也不怎么享受这种感觉。在过去，当我为自己的研究（比如摄星计划）寻求关注时，就算只有几个媒体人回应我也会觉得感激。虽然我这一生在各个领域都接受了广泛的职业训练，但是在我周围，没有谁想到为科学家提供媒体训练，我本人尤其没有这个想法。现在想来，或许应该有人想到才好。天文学和天体物理学常常需要投入大量的时间和金钱，因此研究人员必须及时让公众认识到什么是可能的、什么是必要的，不能到了事后再做考虑。

要说我提出的奥陌陌可能是外星科技的说法只遇到了反对意见，那是轻描淡写了。确切地说，大众媒体都很高兴，更多的公众觉得着迷，但是我的那些科学家同行可以说比较谨慎。

2019年7月，国际空间科学研究所（International Space Science Institute，ISSI）的奥陌陌团队在《自然-天文学》（*Nature Astronomy*）上发表了他们毫不含糊的结论："我们没有发现可信的证据证明奥陌陌是外星人的造物。"这个结论之前的几段宣称，我和比亚利所主张的外星技术论很能挑动人心，但是缺乏根据。不过这篇文章还是在结尾列出了一连串他们无法解释的奥陌陌的异常现象，几位作者将其称为"开放式问题"。他们坦言，只有等到智利的薇拉·C.鲁宾天文台的先进望远镜完全启用，我们才可能有充分的数据来确定"奥陌陌的性质到底有多普通或者多罕见"。

科学记者米歇尔·斯塔尔（Michelle Starr）给我贴的标签是"口无遮拦的哈佛天体物理学家"，但我从来没想过成为这样的人。对于反常现象，我一直保留着上学第一天就有的态度——保持怀疑。我在做出决定之前会踌躇良久，考虑如果采取一种行为而非另外一种会有什么结果。斯塔尔曾向马里兰大学的天文学家兼国际空间科学研究所奥陌陌团队的成员马修·奈特（Matthew Knight）请教，要他把团队的发现做一个总结。奈特宣称："我们从来没有在太阳系里见过像奥陌陌这样的物体。它真的是一个谜。"接着他补充了一句："但我们还是倾向于用已知的事物来类推它。"

这么做也不是不行。但如果我们从谜团一头入手，而不是从已知的事物那头进行类推又会怎样呢？如果我们愿意包容那些与主流假说相反却又与现有数据相吻合的可能性，我们又会发现怎样的问题，找到怎样的求解路径？

　　这不是一个可有可无的问题。我们掌握的数据正迫使我们接受那些极为罕见的解释。除了国际空间科学研究所的奥陌陌团队，还有其他几位主流天文学家认真分析了奥陌陌的数据，他们发现只有非常奇特的理论才能解释这个天体的反常行为。为了解释所有已知的事实，他们不得不把奥陌陌想象成一个稀薄程度是空气的一百分之一的物质组成的蓬松物体，或是一颗由固态氢冰构成的彗星。

　　科学家必须提出"前所未见"的选项来解释奥陌陌那些已被证实的古怪特性。在我们记录的大量小行星和彗星之中，还没有一颗具有那些特性。如果说这些关于奥陌陌的主流科学解释是有效的，值得深入思考，那么我们提出的同样"前所未见"的外星科技假说，也应该值得被认真对待。

　　不仅如此，我的那个光帆假说还引出了一些很有意思的问题。如果我们假设奥陌陌是一颗由冰冻纯氢构成的极罕见的彗星，那么这些问题中的大多数就会陷入僵局。而如果想象它是一朵蓬松的尘云，既有足够的内在统一性以保持自身完整，又轻到可以被阳光推进，那么这些问题同样不会有答案。对这两种假说，我们只能惊叹，别的什么也做不了。统计上的罕见性应放到古董柜的架子上去展览，而不应被用来开辟科学研究的新领域。但如果我们接受了奥陌陌源于地外科技的可能性，并用对科学的好奇心来分析这个假说，那么寻找证据、获得发现的全新画面就会在我们面前展开。

　　当媒体从最初的震惊——"哈佛天文学系主任及其博士后研究员假设奥陌陌是外星科技的遗留物"——中平静下来时，就开始有人指责我看哪里都能看出光帆了。毕竟我参与摄星计划的事在两年前就对外宣布过，大家都知道了我们的目标是利用光帆技术将电子芯片送往离地球最近的恒星。

德国《明镜》（*Der Spiegel*）周刊的采访者直言不讳，令人钦佩："有一句谚语说得好：手里只有锤子的人，看什么都是钉子。"

我给他的答复是：没错，和大家一样，我的想象也会被我的知识所牵引；没错，和大家一样，我的想法也会被我的研究所左右。但我当时还应该多说一句：这句谚语是有问题的，它只看到了那把锤子，却没有看到挥动锤子的人。一个手艺高超的木匠不仅不会看什么都是钉子，他接受的训练还能让他发现自己所看之物之间的区别。

第六章

CHAPTER SIX

贝壳与浮标

我最喜欢的活动之一是在海滩上散步，寻找值得收集的贝壳。度假时我常常沉迷于这项消遣。每当空闲之时，我便会挑选一片喜爱的沙滩，徐徐行走，慢慢审视。我的两个女儿也常常和我一道，查看被海浪卷到岸上的东西。多年来我们收集了许多漂亮的贝壳，有连接精妙的双壳类、圆滚滚的宝螺，还有卷曲的法螺和骨螺。我们的藏品只有少数是崭新的，绝大部分都已经磨坏并且部分解体，它们分解后的细小碎片构成了我们散步其上的白沙。

有时候在寻找贝壳时，我们会发现一片海玻璃——被丢弃的瓶子产生的碎片，它在海洋中翻卷沉浮多年，已经被打磨光滑。在这样的条件下，即便是工业产品也会焕发出美来。

在追寻贝壳的探险中，我们偶尔也会找到一些不那么漂亮的人造物，比如一只塑料瓶，或一个旧的购物袋。但这样的发现是比较罕见的，这也很好理解：我们挑选的度假地都是些不太可能撞见垃圾的地方。

如果家人愿意，我们也可以到肯定见得着垃圾的海滩去旅行。悲哀的是，这样的地方在地球上已经越来越多了。比如夏威夷的卡米罗海滩（Kamilo Beach），曾经是那样美丽，现在却因为囤积了大量垃圾而被称为"塑料海滩"。它的处境令人伤感，但并不那么使人意外，因为在加利福尼亚州和夏威夷之间漂浮着一条"大太平洋垃圾带"。有人估计它是世界五大海上"塑料累积区"中最大的一个。世界上有五个这样的垃圾带同样不使人意外，因为人类每年要向海洋中倾倒800万吨左右的塑料。

一种东西越多，你撞见它的可能性就越大。这个不言而喻的道理适用于贝壳和塑料瓶，同样适用于我之前描述的关于奥陌陌的两种可能的解释：一种认为奥陌陌是一个天然形成的贝壳，另一种认为它是一个垃圾或其他什么制造物。

透过海滩玻璃制成的透镜来审视这两种可能，我们就会明白为什么找到正确的可能性如此重要，也会明白正确的可能性对科学和我们自身的文明有什么意义。

✦ ✦ ✦

我们权且假设奥陌陌不是一只塑料瓶，而是一个贝壳。它的外形当然十分另类，但仍是一个自然形成的贝壳。

这个假设吸引了绝大多数思考过奥陌陌异常性质的科学家。然而，一旦我们问及恒星间需要多少贝壳才能让我们的太阳系随机撞上一个时，这个假设几乎立刻就被推翻了。

没有人会因为在海滩散步时看见一个完好的贝壳而感到意外，因为能生产贝壳的海洋生物的数量极为庞大。地球上的海洋如此浩瀚，贝壳的数量也就多到了能轻易挑出藏品的地步。其实只要我们愿意，我们不仅能估算出在某片海滩上拾到一个贝壳的概率，还能估算出拾到某一种贝壳的概率。比如，只要对科德角附近水域的圆蛤数量略有了解，我们就能预测出在普罗温斯敦附近的海滩上发现一只圆蛤的概率。用同样的方法也能预测在佛罗里达海滩上发现海螺壳的概率。

如果奥陌陌真的是一个自然形成的小行星或者彗星，我们就可以提出下面这个问题：宇宙间要具备多少星际岩石才能让人类经常在太阳系里遇见它们？如果星际空间中存在大量的小行星和彗星，就像我们熟知的必然会飞向太阳的那些，那我们能看见它们就毫不意外了。毕竟，就像我说过的那样，一种东西数量越多，你撞见它的可能性就越大。但如果星际空间里这样的岩石很少，那我们能在太阳系中遇见它们就值得惊讶一番了。

星际空间当然要比地球上的海洋大了好几个数量级。这意味着，要让我们经常碰见这种岩石，太阳系周围就必须飘浮着许许多多的这种星际物体。我们知道，这类岩石是恒星周围行星系统的建筑材料。

实际上，"许许多多"不足以形容这些岩石被推论出的数量。要让奥陌陌这种太空岩石被我们发现，银河系中的每颗恒星必须在其有生之年用周边的岩石材料发射10^{15}个这样的物体。要想明白这个数字的大小，就拿一张纸，写下1后再写15个0。这个数字虽然比不上可观测宇宙中宜居行星的数量（10^{21}），但它仍意味着我们银河系中的每颗恒星发射了大量物体。恒星周围的行星系统正是大型固态物体可能形成的区域。

但我们的太阳并没有这样挥霍式地发射行星建材。2009年，也就是奥陌陌被发现之前近十年，我和阿马娅·莫罗–马丁（Amaya Moro–

Martin）以及埃德·特纳合作发表了一篇论文。在论文中，我们根据太阳系的动力学历史预测了随机星际物体的数量，结果，算出的数字比人类发现奥陌陌所需的数字小了2到8个数量级。换句话说，我们实际预测的星际物体数量，至少是"奥陌陌是一块随机星际岩石"这个假说成立所需的星际物体数量的1/100。虽然单凭这一点无法排除奥陌陌是一块普通岩石的可能，但是从统计学的角度来看，它已经足以让我们对奥陌陌在太阳系中的出现表示惊讶了。

再换一种说法：如果奥陌陌是一块自然形成的岩石，那就意味着随机星际物体的数量要远远超出我们的预期和我们根据太阳系所做的预测。由此可见，要么就是远方的许多恒星和哺育我们的这一颗迥然不同，要么就是还有什么别的蹊跷。

2018年，一个科学家小组重新审视了星际空间里存在多少奥陌陌式的岩石这个问题。他们分析了泛星计划发现与奥陌陌相似物体的能力，并从中得出了几个笼统的结论。其中一个为众人广泛接受，即"奥陌陌的许多方面既引人好奇又令人不安"。他们还发现，要让奥陌陌成为一块随机出现的岩石，单位体积星际物质的数量就必须相当可观，而这一点又需要恒星有远超预期的"极高发射率"，每一颗都必须发射多达10^{15}个奥陌陌大小的物体。这意味着每一个单位体积的星际空间（周长为地球绕太阳公转的轨道）里大约都要有一个发射物。在两篇后续论文中，曾与我合作的阿马娅·莫罗-马丁指出，即使每一个行星系统喷射出所有预期的固体物质，在宇宙中，天然形成的沿着随机轨道飞行的奥陌陌式物体的丰富程度，也要再高好几个数量级才能使其中一个进入太阳系。

上述结论从几个有趣的方面回应了我们2009年的那篇论文，让情况更复杂了。其中一个是关于星际物质起源的，这些物质可以分成两大类：干燥的岩石物质（含有很少的冰或不含冰）和含冰的岩石物质。

干燥的岩石主要在行星的形成过程中产生。在这一阶段，尘粒相互黏合变大形成星子，星子再相互组合构成行星。然而上述第一项研究指出，要用随机岩石假说解释奥陌陌是自然形成的天体，所需的数密度"不可能来自行星形成阶段所发射的内太阳系物质"。也就是说，行星形成过程中发射的物质还达不到使这个假说成立所需的密度。

为了达到所需的密度，这些科学家不得不为奥陌陌这样的星际物体另外寻找一个来源。他们看上了恒星周围奥尔特云射出的物质。所谓奥尔特云，就是处于恒星系最外围的一圈球壳状冰冻物体。当一颗恒星的生命走向终结时，它对奥尔特云的引力控制就会变弱，使其中的物体逃逸出去。但是阿马娅·莫罗–马丁又在她的第二篇论文中描述了自己的发现：即使所有垂死的恒星都将各自奥尔特云中的碎片奉献给星际空间，也无法达到随机岩石假说所需的物质密度。

奥陌陌的"自然起源"解释要想成立，难点在于它必须满足存在足量星际物质的要求。在这里可以用贝壳做一个粗略的比喻：海洋中必须先有大量贝壳，你才能在海滩上发现一个完好的贝壳。而要让一个自然形成的奥陌陌进入我们的太阳系，也必须满足类似的条件：人类要能随机遇到奥陌陌，宇宙中就必须存在大量这样的天体，而要达到这一物质密度，我们需要行星的形成过程和奥尔特云都向外发射物质。

当然，我们已经确定了奥陌陌不是冰冻的。不会喷气，也没有结冰，因此一个自然形成的奥陌陌来自奥尔特云的可能性非常小。

总之，如果奥陌陌是一个自然物体，那它必定源于行星的形成过程。此外，它也必定属于在行星形成过程中产生的一类未知物体，这类物体有着特殊的大小、形状和成分，因而能在不喷出可见气体的情况下，偏离由太阳引力决定的轨迹。

截至我写作本书时，我们还不知道有什么物体能符合上述第二条标准。但我们知道至少有一类物体符合第一条。

发现奥陌陌后不久，我们就遇到了另一个星际物体。当你读到这本书的时候，我们很可能又发现了更多。

第二个星际物体名叫"2I/鲍里索夫"（2I/Borisov），是根据根纳季·鲍里索夫（Gennadiy Borisov）的名字命名的。鲍里索夫是俄罗斯的一位工程师兼业余天文学家。2019年8月30日，他用一架自制的65厘米望远镜在克里米亚上空发现了这个物体，还首先确认了这个物体的轨迹是双曲线。和奥陌陌一样，2I/鲍里索夫的飞行速度也极快，无法被太阳的引力所束缚，因此它也来自太阳系外，并在穿越太阳系后飞走。

但是除了这一点，2I/鲍里索夫就没有什么特别的了。它毫无疑问是一颗星际彗星，这一点确实与众不同，因为任何星际物体都是罕见的。不过它的独特之处也就到此为止了。从任何方面来看，它的彗发和喷气都与我们太阳系中的彗星毫无二致。2I/鲍里索夫是一颗冰冻彗星，丝毫没有古怪之处。

重要的是，发现2I/鲍里索夫这件事并没有帮助我们为古怪的奥陌陌做出任何自然主义的解释。可以说它还起了相反的作用，正是因为有了它做参照，奥陌陌的独特性才真正显现了出来。当年我遇见我妻子，发现她如此特别后，便娶了她。此后我又遇见了许多人，他们非但没有使她变得不那么独特，反而令我更加感叹她是多么少有而珍贵。

奥陌陌和2I/鲍里索夫都是我们太阳系的闯入者，但除了这一点，两者截然不同。2I/鲍里索夫有着一系列普通的性质，比如它的诞生地就是时空中一片平凡无奇的区域。

奥陌陌却并非如此。它在速度-位置空间（velocity-position space）中的起源是它的显著特征之一，也是又一条证明其反常起源的证据，还是一条线索，能帮助我们解开谜团——奥陌陌是什么以及它在空旷的星际空间中做什么。

要明白这一点，你就得理解什么是速度-位置空间。这个概念可能不太好懂，但它简单来说可以归结为：一个物体在空间中的位置并不单单取决于它和周围一切物体的相对位置，还取决于它和周围一切物体的相对速度。试想一条非常繁忙非常宽阔的多车道州际公路，上面行驶的轿车有数千辆之多。每一辆轿车的速度都略有不同，有的超过了其他车，有的落到了后面；有的远低于限速，有的大大超出了限速。

如果将这些车辆的运动速度取平均值，你会发现和所有其他车辆相比，有那么几辆是"不动的"。也就是说在大部队里，它们既不领先也不落后。在车流的总体运动中，这些车子是相对静止的。

恒星也是如此。太阳附近的所有恒星都在彼此做着相对运动，按照它们的平均运动速度设置的参照系被称作"本地静止标准"（local standard of rest，LSR）。在所有这些恒星的运动中，一个符合本地静止标准的天体就是相对静止的。这样的天体比较少见。

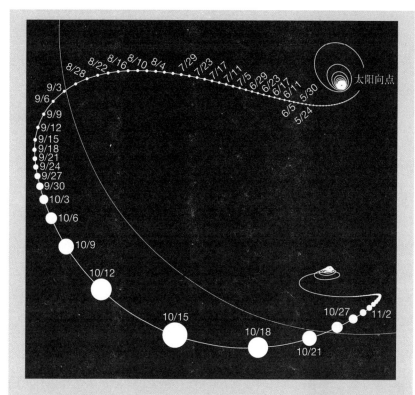

从地球上看到的奥陌陌在空中的轨迹，它的不同行进阶段用日期标出。每个圆圈的相对大小表示奥陌陌在轨道上飞行时不断变化的距离。图中还显示了太阳相对于本地静止标准的运动方向（"太阳向点"以左）。奥陌陌从那个方向出发，逐渐接近我们，说明它最初是符合本地静止标准的。从2017年9月2日到10月22日，奥陌陌的轨道偏离了本地静止标准，移动到了太阳系黄道面（图中细线）的南侧。

图片来源：Mapping Specialists, Ltd. adapted from Tom Ruen（CC BY 4.0）

奥陌陌就符合本地静止标准。

至少它在加速之前是符合的。大约就在和太阳相遇的时候，奥陌陌从静止状态（这里的"静止"是相对我们周围恒星的平均运动而言，包括太阳）变为离我们而去。因为受到太阳引力的一"踢"，它的本地静止标准状态被打破，这就好比在那条多车道公路上，某辆"静止"的轿车被从侧面猛地撞了一下。就这样，从本地静止标准脱离的奥陌陌仿佛被球拍击中的网球一般，走上了一条迅速飞离太阳系的道路。

奥陌陌处于本地静止标准状态其实是一件怪事。要知道，像加速前的奥陌陌一样处于本地静止标准状态的恒星，500个里才有1个。比如我们的太阳就以每小时约45,000英里的速度和这个参照系做着相对运动，这个速度大约是奥陌陌被太阳踢出本地静止标准状态之前的10倍。

我们应该如何解释一个符合本地静止标准的物体？我们周边的某个物体要保持这个特定的速度又需要满足怎样的条件？和奥陌陌的所有特殊性一样，这两个问题的答案也取决于我们对奥陌陌的来源做怎样的假设。

我们先从一个假说开始分析。对大部分科学家来说，这个假说比我的光帆假说更对胃口。让我们假设奥陌陌是一块干燥的岩石，那么，或许将它发射出来的母星也属于那500个里才有1个且符合本地静止标准的恒星。

这能解释奥陌陌也符合本地静止标准吗？是的，或许能，但前提是它离开原本所在的星系的过程非常温和。要理解这一点，你只需要一个常识：如果一个物体被从一个处于本地静止标准状态的恒星系统中剧烈地弹射出来，它就会进入一个不同的参照系。只有从母星系统中被温和地射出，它才会保持和母星相同的参照系。

我们要冒着类比不当的极大风险，再次回到刚才的那条多车道公路上去。想象这么一辆摩托车，它与周围行驶的轿车和卡车相比，是少数保持"静止"的车辆之一。再想象这辆摩托车还有一个挎斗，和车身之间只用一根上足了油的栓子连接。如果我们将那根栓子轻轻拔去，起初挎斗与车身将保持相对静止状态。假如（下面可能真的要类比不当了）这条公路没有摩擦力，那么和周围的车流相比，摩托车和挎斗都将保持各自原来的位置和速度。同样，如果一颗符合本地静止标准的行星上有一块碎片轻轻脱落，那么这块碎片也会在本地静止标准状态下保持和行星相同的位置。

碎片被从母行星上轻轻地剥离在理论上是可能的，但是在统计学上概率极低。行星不会轻易剥离出碎片，造成剥离的事件也很少可以用"轻轻"来形容。对一颗处于本地静止标准状态的行星进行撞击，要想使其弹出的碎片仍然维持本地静止标准状态，撞击的时候就必须极为小心，要像一根羽毛般精密。研究者估计，发生这种事情的概率只有0.2%。

还有一种可能，就是奥陌陌来自另外99.8%的恒星，这些恒星和本地静止标准之间做着明显的相对运动。如果是那样，将它弹射出来的动作就必须是强力一击，而不是轻轻一推，而且这一击必须相当精准。要使一个物体从一个不处于本地静止标准状态的恒星系统中被弹射出来，而后达到本地静止标准状态，这记弹射就必须和母星的运动速度大小相同、方向相反。这一击的效果必须恰好与这个恒星系统的运动相抵消，才能产生一个处于本地静止标准状态的物体。这就好比一名外科医生在进行一次精细的手术，用的却是像榔头一样的粗糙工具，想想这有多难。

无论哪种可能——是羽毛还是榔头，都极难满足自然形成的奥陌陌从一个处于本地静止标准状态的母星系统被弹射出来的假说。

这将我们引向了第三个略微可信的假说。

一个物体要从处于本地静止标准状态的母星系统中弹出且自身仍处

于该状态，它在被弹射时就必须处在这个母星系统的极外围。在那里，母恒星的引力肯定要微弱得多。其实那些摆脱母星系飞入星际空间的小行星和彗星，可能大多也都来自这些和奥尔特云类似的星系外层。无论母恒星是否处在本地静止标准状态，它的引力越是微弱，星系外围的某些碎片就越是容易被其他引力源吸引走。

在我们的太阳系中，那个由万亿个彗星构成的奥尔特云就是一个恰当的例子。它的冰冻外层距离太阳有10万个天文单位（1个天文单位等于地球到太阳的距离，约9300万英里）之遥。太阳对构成奥尔特云的物质的引力控制，要比它对太阳系内其他天体，比如地球的引力控制弱得多。在那片遥远的地带，只要有外来天体以不到2200英里的时速徐徐飞过——比如一颗运行到其附近的恒星，它的引力就足以将奥尔特云内的物体拖入星际空间。

因此，如果说奥陌陌是源于一个处于本地静止标准状态的恒星系周围如奥尔特云一般的冰冻外层，那倒是可以解释它的速度，但解释不了它为什么是一块干燥的岩石。

无论从哪个角度看，奥陌陌的原始动态，即它在闯入我们太阳系之前所处的本地静止标准状态，都是极罕见的。更何况我们还把它设定成了一个自然形成的干燥物体，干燥到足以在它偏离仅由太阳引力决定的轨道时没有明显的喷气现象，这些条件要全部满足就更罕见了。

由此我们被引向了我们的那个假说，即奥陌陌是一个被制造出来的物体，制造者专门将它的运动设定成本地静止标准状态。也许在很久很久以前，奥陌陌还不是一件太空垃圾，而是一个为特定目的制造出来的外星技术设备。

也许它的用途更接近一个浮标。

✦✦✦

　　我们总是把奥陌陌想成冲着我们飞驰而来，但是从奥陌陌的角度来看这件事会更有助益。在奥陌陌看来，它本身是静止不动的，是我们的太阳系猛地朝它撞了过去。打个比方（或许实际也是如此），也许奥陌陌就像浩瀚宇宙中静止的一个浮标，而我们的太阳系就像一艘快速朝它撞去的船。

　　如果接受了是地外智慧生命将奥陌陌设置成了本地静止标准状态这一假说，那就会引出另一个问题：它们为什么要这么做？我可以想出好几个理由：也许它们想在星际空间设置一个类似停车牌的东西，又或许这东西更接近一座灯塔，或者就只是一个路标或导航标志。这样的浮标只要数量够多，就可以织成一张庞大的通信网。或者它也可以是一根绊线，一套报警系统中只要有一根绊线受到冲撞并脱离了本地静止标准状态，系统就会被触发。倘若真的如此，那么奥陌陌的制造者们可能是想隐藏它的来源，也隐藏它们自己在太空中的位置。将一个物体设置成本地静止标准就可以有效地隐藏设置它的人。怎么讲？因为你只要懂数学，并对一个物体的轨道稍有了解，你就可以沿着这个物体的轨迹追踪到它的发射台。这样的追踪工作正是北美防空司令部（North American Aerospace Defense Command，NORAD）的一项主要任务。再往下想：任何一种掌握了数学并拥有精确宇宙地图的智慧生命，都能将我们发射的任何一艘星际飞船追溯到地球。

　　以上的类比均是从地球生物的角度出发做出的，但这并不只是反映了本书作者地球生物的身份。人类文明创造了浮标、通信卫星网络和早期预警检测系统告诉我们其他文明很可能也这样做了。不仅如此，上述假说之所以可信，还有一个简单的理由：人类只要愿意，也能够设计、建造出航天器，并将它们发射升空。我们的目的甚至不必是飞出太阳系。比如，假设印度向太空中发射了一个奥陌陌这样的物体，那么美国国家航空航天局的科学家或许会怀疑印度的意图，但他们不会怀疑的是：怎么可能有这样一个又小又扁、印有印度空间研究组织（Indian Space Research Organisation，ISRO）独特标志的发光物体，正以本地静止标准状态在太空中飞行？

当然，要接受这个解释适用于奥陌陌，还要克服一个障碍，那就是我们必须接受奥陌陌的确来自外星文明。而要接受这一点，障碍在于我们必须严肃地思考一种可能，即我们并非宇宙中唯一的智慧生命。

+ ✦ +

一个浮标。一张用于通信的网络。外星文明用来导航的路标。发射探测器的基地。其他智慧生命发明的已经失灵的技术，或是被它们抛弃的技术垃圾。这些都是对奥陌陌之谜的合理解释。说这些解释合理，是因为在地球上，人类已经创造出了这些东西，虽说在尺度上要有限得多。等哪天我们步入星际空间展开探索时，我们肯定会考虑在更大的尺度上复制它们。

要是你觉得这些假说并不合理，那一定是因为你还无法想象地外智慧生命。只要否定了这一可能，你就排除了以上的所有解释。如果你拒绝透过望远镜观察太空，那么望远镜里是否会呈现出令人信服的证据就无关紧要了。这或许是科幻故事留下的负面影响，又或许只是一些人的认知存在缺陷，无法拓宽眼界接受更广泛的假说。总之对怀疑者来说，要他们接受一个假定外星文明存在的解释，就好比是给他们递了一架望远镜，而他们根本不愿朝里看一眼。

我发现，要改变这种顽固的态度，最好的办法就是独立思考。如果你觉得以上假说有任何狂热、夸大或脱离现实之处，那就不妨提醒自己看看眼前的证据。

现有的数据告诉我们，奥陌陌是一只发光的薄盘，处在本地静止标准状态；当受到太阳引力的作用时，它偏离了仅由太阳引力决定的轨道，而且在这个过程中没有出现可见的喷气或是解体的迹象。

这些数据可以总结为一句话：奥陌陌在统计学上是极为反常的一个物体。

根据其形状、旋转和光度，使用非常保守的估计，我们可以算出奥陌陌是自然形成的彗星的概率只有一百万分之一。如果改由它的成分入手，不只用太阳引力来解释它的偏轨，还假定它存在我们的仪器无法分辨的喷气现象，那么奥陌陌仍会是一个出现概率仅有几千分之一的罕见物体。

即便如此，也还不能解释全部。别忘了，奥陌陌还有一点特别奇怪，那就是它的自旋速度始终不变。像奥陌陌这样，即使因为非引力加速造成显著的质量损失，却还能维持稳定的自旋，一千颗彗星里大约才有一颗。如果奥陌陌也属于这类罕见彗星中的一员，那我们现在谈论的就是出现概率为十亿分之一的物体了。

再有就是它没有出现运动轨迹的急剧变化这一点。如果说它有什么自然产生而我们的仪器检测不到的喷气和解体，就说明我们假定的那些推动奥陌陌的喷流正好相互抵消了。如果这同样是一个概率只有千分之一的巧合，那么奥陌陌出现的概率就会进一步下降为一万亿分之一。

接着我们还要考虑奥陌陌在速度–位置空间中的起源，考虑它所处的本地静止标准状态。前面说过，一颗恒星处于本地静止标准状态的概率是0.2%，所以现在奥陌陌是一颗随机彗星的概率将会逼近一千万亿分之一。

这一连串数字都小到令人难以置信，我们必须提出其他解释才行。正因为如此，我才会向什穆埃尔·比亚利提议另找一个更加可信的假说。我们也只能提出一个说得通的假说来解释奥陌陌的非引力加速问题：它那奇怪而稳定的推力是由阳光提供的。

这个假说吻合了一条重要线索：有观察者指出，施加在奥陌陌上使之偏转的额外力，似乎与它和太阳距离的平方成反比。如果这个力确实是由反射的阳光提供的，倒是可以解释这一规律。

不过太阳辐射压力并不算大。如果真的是它推动了奥陌陌，那么根据我们的计算，奥陌陌的厚度就必须小于1毫米，宽度至少要达到20米。（它的宽度取决于它的反射率，而它的反射率目前未知。如果奥陌陌是一个全反射体，能百分之百反射它接受的阳光，那么根据这个超薄设想，它的宽度就会是20米。）

可是就我们所知，自然界中并没有这种外形的物体，已知的自然过程也无法产生这样的物体。当然，人类的造物中有符合这些条件的，我们还将它发射到了太空，那就是一张光帆。

我们提出这一假说靠的是逻辑和证据。简单地说就是我们坚持事实。而如果我们严肃对待这个假说，它还会让我们思考一些难以置信的新问题：奥陌陌是如何出现在我们的宇宙中的？它又来自何方？我接着还要解释，它甚至使我们有机会提出更进一步的问题：有一天，我们会遇见这位神秘访客的创造者吗？

光帆假说打开了一个充满可能性的新世界，而彗星假说只会将这个世界关上。就这两种假说而言，我知道科学共识明显倾向于那个更加保守、约束更多的，但与其说这种共识反映的是证据，倒不如说它反映了科学研究者和科学文化本身。

第七章

CHAPTER SEVEN

向孩子学习

我们在宇宙中是孤独的吗？这是人类面对的最基本的问题之一。等哪天最终答案揭晓，无论是肯定还是否定，我们都将获得深刻的领悟。事实上，很少有别的宇宙学问题能像它那么重要。

当然，另一些问题的答案同样会使人豁然开朗，比如大爆炸之前有什么，被吸进黑洞的物质去了哪里，还有哪些理论观点终将调和相对论和量子物理学。实际上，我本人就为前两个问题奉献了人生和职业中的许多时光。但是这些问题的答案究竟能在多大程度上改变我们的自我认知？会和知晓我们只是诸多智慧生命中的一种，或反过来，知晓我们是宇宙中出现的唯一有意识的智慧生命一样大吗？我看很难。

由于我认为"我们在宇宙中是否孤独"是一个极其重要的问题，所以当我发现科学家们很少寻找它的答案，即使寻找也显得漫不经心时，我大感惊讶。他们的这种态度并不是从否定我的光帆理论开始的，而是要早得多。早在奥陌陌穿过我们的太阳系之前，他们就不愿意理解它带来的信息了。

+ ✦ +

对多数科学家来说，寻找外星生命从来就是一桩奇怪的事业。对于这个课题，他们最多随便关注一下，最坏的时候就直接嘲讽。富有声望的科学家很少会将自己的职业生涯奉献给这一领域。即便在它的学术声誉达到顶峰的20世纪70年代，也只有大约100名学者公开与SETI合作。与之相比，反倒是其他几个假设性强得多的数学领域吸引了更多物理学家的关注。

较为严谨的SETI研究始于1959年。那一年，康奈尔大学的两位物理学家朱塞佩·科科尼（Giuseppe Cocconi）和菲利普·莫里森（Philip Morrison）合写了一篇开创性论文，题目是《寻找星际通信》（"Searching for Interstellar Communications"）。这篇论文发表在声望卓越的科学期刊《自然》上，文中提出了两个简单的假设。第一，宇宙间存在和我们一样先进的地外文明，甚至比我们更为先进。第二，这些文明很可能在用频率为1.42千兆赫的无线电信号发送"我们存在"的星际广播，那是"唯一客观的频率标准，必然为宇宙中的每一位观察者所知"。科科尼和莫里森所说的信号正是中性氢的21厘米波长。大约半个世纪之后，当我和其他天体物理学家回望宇宙的黎明时分时，我们满脑子想的也是这个波长的无线电波。

这篇论文发表后立刻引起轰动，它预示了SETI的诞生，文中最后一句话也为之后所有寻找地外智慧生命的工作确立了指导精神："这项工作的成功概率很难估计，但如果我们始终不去寻找，那么成功的概率一定是零。"在我看来，这句话回应了另一个古老得多的思想，它的提出者是生于古希腊以弗所的哲学家赫拉克利特："如果不对意料之外的事物抱有期待，你就永远找不到它。"

科科尼和莫里森的论文还使人想起那句老话：手里只有锤子的人，看什么都是钉子。他们撰写论文时，射电天文学已经诞生了25年，这肯定有助于他们"对意料之外的事物抱有期待"。就像我和比亚利的光帆假说一样，人类自己在发明了某种技术之后，似乎会变得更擅长发现外星人留下的技术签名。

科科尼和莫里森的论文很快启发了天体物理学家弗兰克·德雷克（Frank Drake），后者也在康奈尔大学工作。1960年，德雷克决心响应科科尼和莫里森的号召开展这方面的研究。使用西弗吉尼亚州格林班克的国家射电天文台（National Radio Astronomy Observatory），他搜索了离我们不远的两颗类太阳恒星——天仓五（Tau Ceti）和天苑四（Epsilon Eridani）。在四个多月的时间里，他花费150小时，用射电望远镜寻找一个可以辨认的智能信号，但是无果而终。德雷克对地外生命的这次搜索异想天开，这一点也体现在了他给项目取的名字上：奥兹玛（Ozma）。这个名字来自小说家莱曼·弗兰克·鲍姆（Lyman Frank Baum）在小说《绿野仙踪》中虚构的奥兹国女王。

但这一项目还是激起了广泛的兴趣，媒体也竞相报道。虽说近200小时的观测并未发现外星智能，公众的热情却丝毫没有被浇灭。乘着这股热潮，德雷克在1961年11月初来到国家射电天文台，参加了美国国家科学院赞助的一次非正式会议。就是在那里，他第一次清晰地表达了德雷克公式，并用这一公式估算了主动与外界联络的地外文明的数量。

到今天，这个公式被印到了T恤上，影响了青少年小说的情节，还被编剧吉恩·罗登贝瑞（Gene Roddenberry）错误地用来为"星际迷航"系列制造可信的假象。自提出之后，这个公式就一直受到其他科学家的严厉批评和修正。但是围绕它的尘土和喧嚣掩盖了一个简单的事实：这个公式只是一条经验法则，是一个用来分析影响SETI成败的多种因素的简易工具。它的标准形式如下：

$$N = R_* \times f_p \times n_e \times f_l \times f_i \times f_c \times L$$

公式中的各项定义如下：

N：在我们的银河系中，拥有星际交流技术的物种数量。

R_*：我们的银河系中恒星形成的速度。

f_p：有行星系的恒星比例。

n_e：每一个天体系统中环境条件适合孕育生命的行星数量。

f_l：出现生命的行星比例。

f_i：出现智慧生命的行星比例。

f_c：发明足够成熟的技术以参与星际交流的智慧生命的比例。

L：这些智慧生命制造可探测信号的时间长度。

和大多数的公式不同，德雷克公式不是为了求解才提出的。它的目的是搭建一套框架，帮助我们思考宇宙中可能有多少智慧文明。我们绝不可能为其中的每个变量都输入数值，更不要说算出最终的解了。

德雷克不是唯一一个提出框架以指导地外智慧搜索的人；1960年，罗纳德·布雷斯韦尔（Ronald Bracewell）就提出了另一套框架；1961年，德国天体物理学家塞巴斯蒂安·冯·赫尔纳（Sebastian von Hoerner）也提出了一套。但最终，好坏暂且不论，是德雷克的框架成了SETI科学的基石。

我说到"坏"，是因为德雷克公式关注的完全是通信信号的传输。他将自己的抱负局限在了对于N的寻找上，希望由此确定星际通信的数量，并用这个数量证明地外智慧生命的存在。对于通信的这种排他性兴趣预示了德雷克公式的第二个局限，这个局限集中体现在了公式中的变量L上，也就是某个智慧物种制造通信信号的时间长度。以我们这一物种为例：我们人类制造的污染物哪怕过了几百年都能被某些望远镜检测到，而无线电信号只能检测到短短几十年。

N和L都指向了德雷克公式的一个深层次问题。这个公式虽然首次系统明确了能用来评估地外智慧的各种变量，以用于寻找它们，从而让它很有价值，但公式本身的形式主义或许也成为它最大的局限。当SETI的科学家们没有找到外星无线电信号的证据，批评者们就兴奋地宣布德雷克公式连同SETI计划完全是在异想天开。

1992年，为了配合对N的寻找，美国政府向美国国家航空航天局拨款1225万美元，启动了一个射电天文学项目。但是仅仅过了一年，政府就终止了对SETI的拨款。在国会撤销其支持和经费的同时，内华达州参议员理查德·布赖恩（Richard Bryan）这样宣布："我们已经投入了上千万美元，却连一个小绿人都没找到。"很少有声明像他的话一样简洁，充满无知和有缺陷的假设，阻碍了人类对"我们在宇宙中是孤独的吗？"这个问题的求索。其实相较其他，投入这个项目的经费可说是微乎其微，而为研究成功设置的标准却高得离谱。

但是话说回来，早期SETI的研究者们对自己的这项事业也贡献甚少。就这类研究应该寻找什么、哪些项目值得资助来说，他们做出了各种毫无益处的假设，无论是科学的还是流行的，因为他们对无线电信号和光学信号有着近乎排他的关注。一直到最近，我们才看到研究者对生物标志物（biosignatures）以及技术标志物（technosignatures）的兴趣有所增加，前者包括大气中的氧气和甲烷，还有遥远海洋中大规模的藻华；后者包括行星大气中工业污染物的痕迹，还有显示有城市定居者的局部热岛。

在对地外智慧的搜寻中，这个领域的研究者仍在寻找他们的立足之地，而本该对他们提供支持的更广大的科学共同体却基本上袖手旁观。事关"寻找地外智慧生命"和其他我们想象力有限的领域，人类的科学仍需要成熟。

我的办公室里放了一个文件柜，上面有一个简单的标签：想法。这个文件柜里有一个悬挂式文件夹，我用它来保存我的那些马尼拉资料夹。这个文件夹有时塞得过满，有时则比较空。它的每个资料夹里都有几页写着公式的纸。这些纸代表了我能想到并认为值得研究的话题和疑问。我在自家后院或是附近的树林里散步时常会惦记它们。虽然听起来老套，但这些想法往往是在洗澡时产生的。（不久前有一支荷兰摄制组来参观了我家的浴室，想要报道我灵感的来源，在那之后我妻子就给我买了一支防水笔和一块白色书写板。）

起初我并没有用一个文件柜来保存想法，更没有一众本科生、研究生和博士后研究员可以进行探讨交流，但那时我就已经在收集想法了。那些想法就像种子，从中长出了我自己的研究。到今天，那些种子已经"结"出了700多篇已发表的论文、6本书（包括你手上的这本）和越来越多已被证实的预言，它们涉及恒星的诞生、太阳系外行星（一切位于太阳系之外的行星）的探测，还有黑洞的属性。

这并不是说引导我的唯有想象。我的每项研究都体现了一条不可动摇的指导原则：研究数据。我会尽量避免数学推演，或者避开我所说的"理论泡沫"。天体物理学常常会沉迷于脱离一切证据的理论，在其中虚掷经费和才华。宇宙间有一个实在，我们还远没有发现它的所有异常现象。

我曾经告诫一届又一届学生：沉迷于那些无望从数据中得到反馈的抽象研究是危险的。但是想必很多学生也觉得，开展主流科学反对的研究或是得出与主流科学背道而驰的结论同样危险。在我看来，他们的这种反应不但可惜，而且危险。

虽然过去几十年来，人们已经相当鼓励寻找外星生命，但目前仍有许多课题还无人尝试、理论发展不足或是经费短缺，并且被许多科学家认为不值得探讨，这些情况的严重程度使我一再觉得震惊。当我向同事描述我的本科生在听到本书开头那两个思想实验的反应时，他们许多人都轻声笑了出来。我倒认为学生们的反应更值得关注，我们应该问问自己，这些反应中是否隐藏着关于这门职业的真相。

与社交媒体上的潮流不同，科学发展的衡量标准是看你提出的观点在多大程度上接近基于证据的真相。根据这个广为接受的标准，物理学家衡量自己的成就时要看的就是他们的观点和数据有多么吻合，而不是那些观点有多受欢迎。然而当我们浏览理论物理学的概况时，却发现事实并非如此。在理论物理学界，经费的流向常由项目的时髦程度决定，而有些时髦的项目根本无法取得与投入相称的回报。

虽然缺乏实验证据，但诸如超对称、额外的空间维度、弦理论、霍金辐射和多重宇宙这样的数学概念，却仍被理论物理学界的主流视作无可辩驳又显而易见的。我在参加一个研讨会时听到一位杰出的物理学家这样说道："这些概念就算没有实验支持也一定是正确的，因为相信它们的物理学家数以千计，我们很难想象这么一大群精通数学的科学家会集体犯错。"

我们暂且不提这种群体思维，先来审视一下这些概念。就以超对称为例吧。这个理论假设所有粒子都有其伴随子，但这个假设并没有那些理论名家认为的那样自然。欧洲核子研究中心的大型强子对撞机得出的最新数据并没有在其期待并探测的能量尺度上找到任何可以证明超对称的证据。其他的那些关于暗物质、暗能量、额外维和弦理论的假设性观点，也同样没有得到验证。

想象一下：如果证明奥陌陌属于外星科技的数据比证明超对称理论成立的数据更有力，结果将会如何？建造大型强子对撞机已经花费了近50亿美元，研究者希望靠这台粒子加速器获得超对称的确切证据，而运作这台机器每年还要再花10亿美元。即使科学界最终放弃了这一理论，它也已经消耗了巨额经费和几代人的努力。除非我们在地外智慧的寻找中也投入等量的人力物力，不然就不该对奥陌陌是什么不是什么轻易做出判断。

除超对称之外，还有许多理论在学术界内外获得了人们的思考和尊重，尽管它们并没有证据的支持——我第一个想到的就是多重宇宙说。这个现象值得我们停下来仔细思考，倒不是因为这些理论缺乏证据，而是因为它揭示了科研事业本身的一些缺陷，应该引起我们的关注。

阻止我们公正地考虑"奥陌陌由外星人设计"假说的不是证据不足，也不是取证方法的缺陷或者假说背后的推理有问题。最直接的障碍是我们不愿透过证据和推理审视相关结论的心态。问题有时候出在信息本身，有时候出在信使身上，但是当信息和信使都撞上了不愿聆听的受众，一个比证据和推理都更大的问题就成了障碍。

+ + +

寻找地外生命吸引的关注和引发的思考都少于宇宙摆在我们面前的许多其他反常现象，其背后的原因有很多。许多科幻作品的荒谬情节对此显然并无帮助。但是天文学家和天体物理学家的偏见同样于事无补——这些偏见越积越深，终于使新一代的科学家噤若寒蝉。

在今天，如果一个年轻的理论天体物理学家想要拿到终身教职，他就会更倾向于思考多重宇宙，而非寻找外星智慧存在的证据。这真是一件憾事，尤其是考虑到初出茅庐的科学家往往正处于职业生涯早期最富想象力的阶段。在本该结出硕果的年纪，他们却遭遇了职业带给他们的恐惧，不敢置身于主流科学之外，由此明里暗里左右着他们的兴趣。

上一代的理论物理学家都还比较谦卑，愿意看到自己的理论被实验数据所证伪。但现在产生了一种新的文化，它一边在自身的理论中蓬勃发展，一边又对奖项委员会和基金资助机构施加影响，而且它的拥护者尽是些鼓吹时髦但未经证明的范式的人。科学家们要么紧紧抱着超对称不肯放手，即便大型强子对撞机并没有为它找到证据，要么一口咬定多重宇宙必然存在，哪怕也没有数据支持这个理论。其实他们是在浪费宝贵的时间、经费和才华。而不仅我们的经费有限，就连时间也是有限的。

讽刺的是，许多成熟的科学家曾经凭直觉就明白了这一点。当少年开立自己的第一个支票账户时，他们往往会落入想象的陷阱，幻想账户中能积累多少金钱。当他们考虑买这买那，拥有所有自己向往的东西时，他们会变得异常兴奋。而当他们走到自动取款机前，查看账户中的实际金额时，他们的空中楼阁就会瞬间坍塌。他们不单意识到自己的存款不足以支撑所有他们梦想的东西，也终于体会到了存款数目的增加是何等缓慢。这些从失望中走出来的少年通常能学会时常查看自己的账户，并根据那串可以查证的确凿数字，在他们的梦想之物中做出取舍。

一种科学文化要是没有学会这个教训，不再要求用可观测、可查证的数据进行外部验证，单凭数学之美就判定一个理论天然正确并为之鼓吹，那么在我看来，这种文化就会面临丧失根基的危险。获得数据并将其与理论观点进行对照既能提供现实核查，又能告诉我们自己没有产生幻觉。不仅如此，这样做还能再次确认一个学科的核心内容。物理学不是一项旨在令人自我感觉良好的消遣活动。物理学是一场与自然的对话，不是一番研究者的独白。它要求我们投入金钱和努力，做出可以验证的预测，为此科学家们必须承担犯错的风险。

在这个社交媒体风行的时代，大到科学，小到天体物理学，都需要重拾传统的谦卑精神。做到这一点照理并非难事。收集实验数据、排除理论观点应该成为研究的首要任务。数据的指引令人安心，也必定能产生更加切实有用的回报。年轻的科学家不应再耗费自己的整个职业生涯钻进数学的胡同，因为将来世代的物理学家肯定会认为这是不着边际的做法。年轻的科学家应该关注更加实在的领域：在这些领域内，观点的价值都可以在他们的有生之年得到验证和兑现。

其中，风险回报率最高的领域莫过于寻找外星生命。更何况，我们只在奥陌陌飞过时收集了11天的数据，就得到大量既给人启发又可观测的证据，数量比眼下支配天体物理学界的那些时髦的思想泡泡所得出的都要多。

✦ ✦ ✦

儿童凭直觉做出的思维跳跃是很值得关注的，因为比起许多背着自我包袱或是持有智力偏见的成年人，他们能够十分轻松地做到这一点。当我的两个女儿洛特姆和克莉尔得知她们的父亲正努力将星之芯片送到比邻星宜居带上的比邻星b附近时，她们都感到好奇。而当我告诉她们那颗行星应该已经被潮汐锁定，因而一面始终向着比邻星而另一面始终向着无尽的黑色太空时，她们的好奇更重了。我的小女儿洛特姆思索了片刻，然后宣称既然如此，她就需要两座房子，一座建在永恒黑夜的那一面用来睡觉，另一座建在永恒白昼的那一面用来工作和度假。

我可不能认定洛特姆关于星际地产的想象完全是在异想天开。符合物理定律的思想实验本来就是发现的重要工具，是我们努力解释地球内外诸多反常现象的一种手段。在儿童尚未僵化的思想中，我们很有希望找到可以推进科学发展、提升人性的洞见。而我们可能犯下的一种极糟的错误，就是把保守的成见强加于别人的观点和本能，或是因为错误的理由赞美思想上的谨慎。

科学首先是一种学习的体验，若我们能在犯错时保持谦卑，就能实现最好的学习效果，就像儿童借着与世界的碰撞认识世界那样。在我们首次遇到反常现象时，它们就像家具的尖锐边角一样，很少会显出美好的一面。它们搅乱我们自以为了解的知识，违背我们奉为公理的理论和信念，再怎么努力，我们也无法使它们与既有假设相吻合。在这种时候，科学就必须放下想象、重视证据、跟随证据指引的方向，不管那是哪里。

举个例子：19世纪末，物理学家注意到了"黑体辐射"（发热物体发出的光）的一个奇怪现象。黑体辐射的光谱中有一个峰值，它的波长取决于温度：物体的温度越高，黑体辐射峰值的波长就越短。以恒星为例：又小又冷的矮星是红色的，像太阳这样较热的恒星是黄色的，而最大最热的那些恒星则是滚烫的蓝色。物理学家绞尽脑汁，却始终无法解释升温时的光谱移动，也无法为这种移动建立精确的模型。直到1900年，马克斯·普朗克（Max Planck）才提出物体会以离散的单元吸收或发射能量，这种单元就叫"量子"。这一革命性洞见开创了量子力学，也开启了近代物理学的时代。

当时，就连爱因斯坦这样的天才都为量子世界的奇怪属性感到困惑，尤其是量子纠缠的现象以及量子非定域性的概念——这是两个粒子无论相隔多远都能相互作用的神秘能力。他为这个反常概念费了许多心思，最终称它为"鬼魅般的超距作用"。但最新的实验告诉我们，爱因斯坦对这种量子行为的否定是错误的，相反，我们对非定域性越是了解，它就越能揭示实在的本质。

科学在根本上就要求我们谦卑，因为人类的想象无法勾勒出自然的所有丰富和多样。但我们对谦卑的正确反应是惊奇，惊奇过后，就会产生一种拥抱更多可能性的欲望。

在科学研究中，这种反应常常意味着要做出艰难的决定。科学界的决策往往不是科学家本人可以直接左右的，这些决策会将科研工作导向特定的可能性，并冷落其他可能性。举个例子：虽然地球上大型望远镜的数量在稳定增长，但它们还是赶不上急于使用它们的天文学家的数量。为了确定大型望远镜在时间分配上的竞争性需求，研究所和大学成立了各种委员会和基金资助机构。它们审批提交上去的使用申请，并给申请排定先后，这一过程依据的是委员会的专业知识，但也不可避免会受到偏见和假设的左右。我常常觉得，这些决策团体应该自觉贡献出一部分——比如20%——自己的资源给高风险项目。就像金融里的投资组合，人类对科学的投资也应该多元化。

但是许多研究者都远远偏离了这个理想，特别是在他们丧失年轻时的激情，沿着职业阶梯爬上受人仰望的终身职位以后。他们并没有利用职业上的安稳地位大胆冒险，反而把学生和博士后研究员培养成了应声虫，利用他们来扩大自己在科学界的影响和声誉。按理说，名誉这东西应该只是学术脸上的一层妆容，但实际上它往往会变成人们痴迷的对象。比试名气并不属于诚实科学研究的范畴——判定科学真理的不是你的推特有多少人点赞，而是你掌握了什么样的证据。

有一个教训是我们很难向年轻科学家传授的：寻求真理有时和寻求共识背道而驰。甚至可以说，真理和共识永远不该重合。悲哀的是，更容易明白这个教训的反倒是那些刚刚踏入科研领域的学生。在那之后，年复一年，来自同辈和就业市场的压力就会助长谨慎行事的风气。

天体物理学绝不是唯一受制于这些势力的学术领域，只是这个领域牵涉宇宙中仍然存在的大量异常现象，因而或明或暗地鼓励保守的科学风气才格外令人沮丧和担忧。虽然我不大明白为什么非常的主张需要非常的证据（证据不就是证据吗？），但我确实相信非常的保守主义会使我们非常无知。换句话说，这个领域不需要更多谨小慎微的侦探。

如果要让探索的精神薪火相传，那些资深学者就不仅要召集前景光明的年轻学者，还必须创造一种氛围，使未来几代的科学家能够有所发现，虽然这些发现在本质上是不可预测的。初出茅庐的科学家就像火柴，而他们的工作环境就像火柴盒，如果在需要他们点燃一把火焰时，他们却只能在一只已经磨光滑了的火柴盒边上划来划去，那对谁都是没有好处的。这是一个我们早已明白的职业教训：要想培育新的发现，就该建造新的火柴盒。

在历史上，科学进步曾经多次遭到阻碍，因为那些建立、推行并维护正统观念的人相信自己预先就知道了所有问题的答案。举一个显而易见的例子：将伽利略软禁起来并不能改变地球围绕太阳转动的事实。几百年后的今天，全世界都齐刷刷站到了伽利略的一边。但如果我们只从伽利略的时代学到了这一个教训，我担心我们会错失另一个重要的洞见。我们既要记住伽利略，又要记住逼他缄口的教会。单单称颂前者是不够的。我们还必须学会提防后者。

被21世纪便利的技术环境所笼罩，科学家都把自己想象成了伽利略的徒子徒孙，而不是那些迫使他闭嘴的男性（是的，全部都是男性）的传人。然而这实在是一个错误，就像科学家会挑选对自己最有利的数据一样。塑造我们文明的不仅有科学的进步，还有那些因为种种原因推迟甚至终止了科学进步的时刻。我们今天之所以能走到这一步，既是因为有那些透过望远镜观察宇宙的男男女女，也是因为有那些拒绝透过望远镜观察宇宙的男男女女。

科学是一项不断进步的事业，对科学知识的追求永不停歇。但这条进步之路并不是一条直线，有时沿途出现的阻碍是人类自己造成的。不幸的是，和我们永不停歇的学习相伴的谦卑精神，有时会因为傲慢而被人遗忘（奥陌陌就是一个例子）。这种傲慢有的来自教会，有的来自世俗政府，也有的来自那些误以为研究已经结束并提早宣布胜利的科学家。关于最后一类傲慢的例子实在不胜枚举。随便来看几个，我们就会明白自己是否太快关上了大门，将每一个有证据支持的关于奥陌陌的假说都拦在了外面。

1894年，物理学名家阿尔伯特·迈克耳孙（Albert Michelson）回顾了19世纪末物理学的伟大发展之后主张："物理学的大多数重大原理很可能已经奠定完毕……曾有一位杰出的物理学家说过，在将来，物理科学的真理只能到小数点后第六位去找了。"但事实刚好相反，在之后的几十年里，物理学家又见证了狭义相对论、广义相对论和量子力学的诞生，这些理论彻底改变了我们对于物理实在的理解，也由此推翻了迈克耳孙的预言。

同样，1909年8月，爱德华·查尔斯·皮克林（Edward Charles Pickering）在《大众科学月刊》（*Popular Science Monthly*）中撰文主张，望远镜已经达到了最佳尺寸，也就是50至70英寸①，建造更大孔径的仪器已经没有多大必要了。皮克林是这样写的："天文观测更多取决于其他条件，特别是气候因素、即将开展的研究种类，还有最重要的——站在望远镜后面观测的人。一架望远镜好比一艘战舰。难道一艘1000英尺长的战舰总能击沉500英尺长的敌舰吗？现在看来我们似乎已经达到了望远镜大小的极限，必须期待着其他方面的下一次进步了。"

皮克林当然错了。望远镜的孔径越大，能够收集的光子就越多，从

---

① 1英寸合2.54厘米。

而可以让科学家望见更远的太空和更深的过去。皮克林在1877年至1919年间任哈佛大学天文台的台长，他的那一番不恰当的话很有分量，尤其是在美国东海岸。其结果就是在之后的几十年里，西海岸成了美国观测天文学的中心。

取代是逐渐发生的。1908年12月，乔治·埃勒里·海耳（George Ellery Hale）的60英寸望远镜在加利福尼亚州的威尔逊山天文台进行了第一次观测。这一尺寸确实落在了皮克林宣称的最佳尺寸范围之内。当海耳的望远镜观测到越来越多的成果，皮克林和东海岸的天文学家则始终沾沾自喜，但规划着自己研究道路的海耳却并不满足。

海耳很快建造了一架孔径为100英寸的望远镜，于1917年在威尔逊山投入运行，没过多久，埃德温·哈勃（Edwin Hubble）和米尔顿·赫马森（Milton Humason）就用它确认了宇宙正处于膨胀之中——这是20世纪的一项重大发现。这架100英寸孔径的望远镜一度是世界上最大的光学望远镜，直到1948年加利福尼亚州帕洛马山天文台启用了一架孔径超出它一倍的新望远镜。在漫长的使用生涯中，帕洛马山的这架200英寸望远镜帮助天文学家发现了好几个射电星系，还发现了被称为"类星体"的活动星系核，这些类星体以落入特大质量黑洞的气体作为燃料。这台望远镜还找到了许多新的光源。

从那以后，望远镜越造越大，直到今天。眼下正在运行的有几架孔径为10米的设备。还有3架孔径极大的望远镜预计会在未来10年之内启用，它们的孔径分别是24.5米（哈佛大学天文台作为合作方之一，夺回了皮克林丧失的部分领地）、30米和39米。这些望远镜的孔径可以提供前所未有的角分辨率，庞大的接收面积也使它们容易感应到之前无法侦测的微弱光源。皮克林因为他的傲慢走错了一步。那不是他个人的傲慢，而是职业上的傲慢。他以为他那一代科学家看到的、理解的并觉得有趣的东西就是科学发现的巅峰了，他没有意识到，科学攀登的历程有着一个又一个虚假的巅峰。

不幸的是，皮克林并不是唯一会犯这种错误的人。实际上，这类错误还曾在科学的历史上反复出现。1925年，塞西莉亚·佩恩（Cecilia Payne，后来更名为塞西莉亚·佩恩-加波施金，即Cecilia Payne-Gaposchkin）成为第一个取得天文学博士学位的哈佛学生（虽然这个学位名义上是由拉德克利夫学院颁发的，因为哈佛当时还不向女性颁发博士学位）。她提出太阳的大气圈主要由氢构成。在审核她的博士论文时，德高望重的普林斯顿天文台台长亨利·诺里斯·罗素（Henry Norris Russell）主张太阳的物质构成不可能与地球不同，他劝塞西莉亚不要把她的结论写进论文终稿里。接下来几年，罗素对新的观测数据做了分析，他本想以此证明塞西莉亚的错误，结果却发现她是对的。

到了20世纪50年代中期，傲慢又一次阻碍了这门学科的进步。查尔斯·汤斯（Charles Townes）在尝试证明微波激射器的可行性时，遭到了顽固的反对。这部机器一旦建成，就可以在某种元素的特有频率上放大辐射。1954年，两位诺奖得主伊西多·艾萨克·拉比（Isidor Isaac Rabi）和波利卡普·库什（Polykarp Kusch）来到汤斯位于哥伦比亚大学的实验室，恳求他停止氨气实验，他们一口咬定这部设备绝无可能成功。幸好汤斯坚持了下来，后来他的微波激射器成为原子钟里的计时装置，也被广泛应用于射电望远镜和深空飞船通信等领域。汤斯还与一众科学家合作，对微波激射器做了开创性研究，直接引起了激光的诞生。

再说一个更加晚近的例子。我曾经问过一个研究柯伊伯带（海王星轨道外的一圈冰冻物体）天体的杰出天文学家有没有在这些天体中寻找过或许可以显示人造光源的亮度变化。他嘲讽地反问我："找什么？没什么好找的。"

起初天文学界只把柯伊伯带天体当成想象出来的概念，冥王星当然是一个例外。最大的柯伊伯带天体是克莱德·汤博（Clyde Tombaugh）在1930年发现的，当时它被认作一颗行星。在半个多世纪之后，当加州大学洛杉矶分校的天文学家戴维·朱伊特（David Jewitt）想要搜寻柯伊伯带天体时，他还是租不到望远镜、拿不到经费，只能将研究搭载在别的项目上。1992年，他和刘丽杏（Jane Luu）终于发现了冥王星之外的第一个柯伊伯带天体，他们使用的是夏威夷冒纳凯阿火山顶部的一架88英寸望远镜。

在上面的每一个例子中，本来可能向前跃出的一大步都被阻止了。不是因为没有可行的技术，不是因为缺乏想象力和好奇心，也不是因为没有可以验证的数据。这种阻止来自傲慢，这傲慢又往往是出于权势之士的好意。虽然我们现在如此赞叹越来越大、越来越宏伟的望远镜所创造的奇迹，赞叹它们开辟的无限可能，但要是科学家在几年前乃至几代人前就做出了这些发现，我们现在面对的又会是怎样的一番盛况呢？

许多科学家都自视为特立独行之人，是一个知识分子精英阶层的成员。他们有意无意地想将自己区别于乌合之众。这种想法至少部分使得我认识的许多科学家提出一个主张：科学家只有在对研究成果有了相当大的把握之后才可以与大众交流。要是让外行人知道了科学研究的混乱实质，知道了其中充满开端、骤停和死胡同，他们就会将所有科研结果都看作初步的、可疑的。这就是上述主张的逻辑。有的科学家担心，这还会造成每一个重要的科学共识被大众草率忽略，例如人类对地球气候的影响以及由此对人类自身和所有其他地球生物可能造成的灾难性后果。这种保密策略有一个额外的好处，就是让科学家看起来比实际聪明。它还有一个优点，就是能减少外界批评的声音。

但这个策略是错误的。让公众知情是我们的义务，不仅仅是因为大量科学研究都得到了纳税人的资助。公众只有对科学进步有了深刻的了解、深度的参与和深深的热爱，才会在提供经济支持之余，也将孩子的兴趣和努力，以及全社会最聪明的成员引向最令人困惑的挑战。因此，开诚布公地谈论我们知道什么、不知道什么，长远来看只会增加科学家的信誉。直到最后才向公众公布结果还会引起不信任。毕竟，我们面对的反常现象不是只为科学家准备的，它们是全人类共同面对的问题。当这些问题有了突破，它们就会像医学领域的进展那样，对每一个人都产生益处。我们应该向世人展示研究的进展，尤其是当研究充满不确定性，并因为缺乏确凿的证据而被与之对立的解释攻击时。我们应该让大家看到，我们在做出新发现时常常是何等惊讶。

另外，学术界对于本科生在"寻找地外智慧生命"上的兴趣普遍抱有的批评态度，也压抑了研究生的兴趣。有一项估计表明，全世界只有8位学者完成了"寻找地外智慧生命"课题的博士研究。但这种情况或许也在发生一些改变。就在我写作本书时，有7名研究生即将以"寻找地外智慧生命"相关课题取得博士学位。对于下一代的天文学家，我们该鼓励他们思考怎样的问题，开展怎样的实验，追求怎样的数据？在这里奥陌陌又一次轻轻推了我们一把，如果我们愿意留意的话。高科技设备飞入星际空间或许令人惊讶，但如果我们不发明足够灵敏的仪器来探测它，它就不会被注意到。

实际上，我曾经几次将对外星生命的寻找描述成科学研究的最终风险投资——在这里要向尤里·米尔纳致敬。和投资一样，任何寻找方法都是有风险的。就"寻找地外智慧生命"而言，我们对在宇宙的大海中打捞的那一根针的性质所知甚少，但如果真的找到了那一根针，回报将是巨大的。这样一笔投资的回报将远远盖过其他较为狭隘的科学兴趣。光是知道我们并不孤独，就足以改变人性本身，更不用说我们还会从这一发现中获得知识了。

我知道，要拥护那些被学界视为荒诞不经的理论是很难的，对于年轻的科学家尤其如此。到了我这个年纪，职业地位已经相当稳固，而且从一年级的第一天起，我就对求得别人的认同无动于衷。但是即便如此，要不是因为我清楚地意识到了生命是何等脆弱，每个人可用来推进人类共同利益的时间又是何等宝贵，我或许还没有准备好宣扬"奥陌陌是外星人的光帆"这一假说，也不会探索其中蕴藏的可能。这种心态，虽然不是全部，但至少部分要归因于我对宇宙做出的科学研究。

第八章

CHAPTER EIGHT

广袤无垠

当你阅读福尔摩斯的故事时，你很容易就会忘记福尔摩斯所处的有利条件。对他来说，某起案件只是诸多案件中的一起罢了。福尔摩斯的那句名言"排除掉所有其他因素，剩下的那个一定是真相"也是他的推理习惯，他在《四签名》《绿玉皇冠案》《修道院公学》和《皮肤变白的军人》里都是这么说、这么做的。

从这方面看，成果丰硕的天体物理学家和虚构的侦探没什么两样——虽然具体的反常情况有所不同，但解释它们的过程却是一样的。

"排除掉所有其他因素。"福尔摩斯如此下令。在这里，正好还有一个因素与奥陌陌的起源和目的有关——不是关于奥陌陌本身，而是关于它遨游其间的宇宙，这个宇宙比我们知道的一切东西都更加古老、更加广袤。在宇宙的古老和广袤之中，或许蕴藏着解开奥陌陌的另一个谜团的关键。

✦✦✦

在奥陌陌现身十年前，我曾和家人到塔斯马尼亚岛中部高原上的摇篮山（Cradle Mountain）去度假。一天吃完晚餐，我走到户外抬头仰望。因为和各个文明中心都相距遥远，那里完全没有那种常见的光污染，从后院望出去的景色丝毫未受影响。我直直地望向那片清朗的夜空。

真是摄人心魄。我的头顶排列着银河系中的无数恒星，一直延伸到天际。目光转向侧面，我能看见大麦哲伦星云以及离银河系最近的仙女星系，那是一块闪烁的五彩星斑，大小和月亮近似。看到这般景色时，我的喜悦部分来自我知道它并不会永世长存。当然谁也不知道人类能否活到目睹它终结的那一天，但有一点是可以肯定的：我们在今晚仰头望见的东西，并不比我们自身更永恒。

那阵子我对宇宙的无常特别敏感。就在那之前几年，我有了一个新颖的想法：模拟一下未来银河系和仙女星系相撞的场景。我对我们这个宇宙的遥远未来特别着迷，之前就在论文中指出过，宇宙加速膨胀的结果是我们的银河系将置身一片虚空之中。当宇宙的年龄增加了十倍，所有远方的星系都会以超光速离我们而去，人类将只能观测到我们银河系里的恒星了。那样的一个银河系会是什么样子？当银河系和仙女星系发生巨大的碰撞，改变的将不仅仅是夜空的景观，我们的太阳也会被踢到合并后新星系的外围。在之后的十万亿年间，宇宙将建造我们的新邻居，直到一切恒星的光芒，包括比邻星这样最微弱也最丰富的矮星的光芒，都统统熄灭。我说服我的博士后研究员T. J. 考克斯（T. J. Cox）模拟了这次未来的碰撞，我们在2008年宣布，在未来几十亿年内，远在太阳衰亡之前，我们的夜空就将变换模样，银河系和仙女星系这两个姐妹星系中的恒星，将会融合成一个新的橄榄球形状的星系，我们称它为

"银河仙女星系"（Milkomeda）。

在塔斯马尼亚的那个夜晚，我惊喜地认出了自己的研究对象。银河系和仙女星系分布于夜空两侧，沐浴在一片瀑布般的明亮星光之中。或许是因为如此清晰地看见了它们，我比以往任何时候都更明确地感知到了自己在它们当中的位置。这就是天文学的乐趣所在。相比之下，粒子物理学家就没有只用肉眼便能直接观察希格斯玻色子的特权了。

不过，我那晚的思绪并没有完全放在遥远的将来我们银河系会发生的巨变上。我脑中的头等大事依然是第一代恒星和星系如何照亮了宇宙的最初，是宇宙创生故事中的科学细节。

在成为天体物理学家之后，我最先迷上的是宇宙黎明时分的课题。我的这个兴趣始于我在普林斯顿求学期间，并随着时间的流逝日益加深。后来我发现，对这个谜团的求索将会影响我对另一个课题的研究，塑造我在许多方面的思维，不仅包括我们宇宙的历史，也包括和我们共处一个宇宙的任何一种文明。

当你在一个晴朗的夜晚仰望天空，就像多年前我在塔斯马尼亚所做的那样，你会觉得银河系中那一众太阳似的恒星仿佛一艘宇宙飞船主舱中的点点灯光。这艘巨船正在宇宙间穿行，它的部分灯光旁边有旅客经过。从我们和奥陌陌的短暂相遇之中，我们可以对这些旅客了解多少？同样，我们又能对自己了解多少？

✦ ✦ ✦

我们将宇宙的诞辰，也就是大爆炸发生的时间定在了约138亿年前。关于宇宙的最初起源，科学家做出了令人着迷也给人启发的研究，并从中得出了理论、数据和已经证实的预测，其中有一点现在已达成了共识，那就是在宇宙诞生后的最初一亿年里，一切都还笼罩在黑暗之中。直到第一颗恒星诞生才有了改变。

最初的恒星是如何形成的？1993年我来到哈佛之后，和我的研究生佐尔坦·海曼（Zoltan Haiman）以及博士后研究员安妮·图（Anne Thoul）一起提出了一个理论来解释恒星的形成。

大爆炸之后，在这个疾速膨胀的宇宙之中，物质的分布是近乎均匀的。这"近乎"二字至关重要，因为根据我们的理论，在某些地方，宇宙的初始密度要略微超过平均水平。"略微"指的是密度比别处高出了十万分之一。但这样的轻微失衡已经足够：足以让引力开始将物质拉到这些越来越密集的区域，也足以让那些主要由氢原子构成的气体开始在这些区域汇聚成云。

宇宙历史的时间线。太阳系形成的时间较晚，距今只有约46亿年。地球上的现代技术是直到20世纪才开始出现的，只占了10亿年的千万分之一。在我们发明现代望远镜技术来探测文明之前，可能已经有许多文明出现并且消失了。

图片来源：Mapping Specialists, Ltd.

我的研究团队先用纸笔为这个理论建模，但是到了某种程度之后，我们就只能依赖精密的电脑硬件来推进研究了。当时在耶鲁大学念研究生的沃尔克·布罗姆（Volker Bromm）接过了这个任务，他和其他理论家在过去20年中证明，我们描述的恒星形成过程确实可以产生早期的星系。模型和理论诚属宝贵，但能证明两者的数据仍不可或缺。我希望能看见我们的理论预测的那种气体云，这意味着我们要找到已经存在了大约130亿年之久的证据。

当天体物理学侦探遇到宇宙尺度的难题时，他们会觉得不知所措。不过他们的确拥有一个其他学术门类无法企及的优势：回望过去。

由于光传播的速度是有限的，我们望得越远，看到的过去就越久远。再加上宇宙各处的条件都相似，所以只要望向宇宙深处，我们就能看见自己的过去。

并且，我们向太空中望得越深，发现的物体就越是久远。望向一颗四光年之外的恒星，如比邻星，其实就是在观看这颗恒星四年前的样子。而当我们将望远镜对准一个130亿光年之外的发光星系，我们就能瞥见130亿年前的宇宙。凝视这漫长岁月之前的宇宙"黑暗时代"，这个产生了最初恒星的气云聚集的瞬间，实在是科学上的一个巨大挑战。它也迫使我们沉思宇宙那漫长到不可思议的时间尺度。今天人类的平均寿命接近73岁。如果想亲眼看到宇宙最初的光线在约130亿年之前发出的情景，我们就必须连续活上1.8亿次人生——这是一个特别荒诞的想法，因为地球的年龄只有45亿年左右，而且我们认为它在约38亿年前才开始有了生命。

观察宇宙时，天体物理学家还会直面宇宙在空间上的广袤。我们能看见在宇宙历史早期发出的光线。宇宙就像是一片以我们为中心的考古发掘现场。我们看得越深越远，所发现的分层就越古老。宇宙历史的这一展览一直绵延到我们周围可视范围的边界，停在了约138亿年前迸发出光的大爆炸。在这道边界之外形成的光如果要抵达我们，所需的时间将会超过宇宙的年龄，因此比这道边界更远的区域我们是看不到的。

要是认为我们是这片广袤宇宙中唯一的智慧生命，那就太自大了。虽说许多别的行星上可能存在我们了解或不了解的生命，但我们在和任何现存的地外文明取得联系之前，更有可能遇到的还是外星技术的遗存。我们在思考该如何解释像奥陌陌这样的星际物体的神秘属性时，必须把这一点记在心里。

我对宇宙黎明的研究促成了一个新领域的诞生，这一领域现在被称为"21厘米宇宙学"（twenty-one-centimeter cosmology）。这是射电天文学的一个分支，它利用氢原子发出的辐射为宇宙绘制三维地图，这种辐射在刚产生时的波长是21厘米，然后随着宇宙的膨胀而拉长。

你或许还记得，这也是人类使用的电视机、收音机、手机和电脑所发出噪声的米波射电频谱——在这一见解的启发之下，我和马蒂亚斯·萨尔达里亚加想知道其他先进文明是否也会发出这样的噪声。不过，我对21厘米辐射的最初兴趣是想用它来回望一个远在任何文明诞生之前的时代。在我职业生涯的那个阶段，我还没有开始追踪外星人，而是在追踪氢元素。

大爆炸之后，氢是宇宙中最丰富的元素，含量远超其他元素，早期宇宙大约有92%的氢原子和8%的氦原子。但在当时，宇宙中的氢还没有发出任何我们今天可以侦测到的射电信号。那是因为，在大爆炸的炽热余波中，氢这种宇宙中最常见的物质，绝大部分都被电离了。

中性氢原子由单个质子和单个电子构成。但是在高温和强紫外辐射的作用下，它们会被拆解（电离）。氢原子放出一个电子，作为带一个正电荷的质子存在。这会改变氢原子的行为，或者更准确地说，会改变氢原子发出的射电信号的类型。本来，被中性氢原子束缚的电子可以在不同的能量状态之间切换，时高时低，这个切换过程会释放一个光子——以波长为21厘米的无线电波的形式存在。但电离后的氢原子就做不到这一点了。

大爆炸发生之后约38万年，宇宙冷却到了一定的程度，可以让电子和质子组合成中性氢原子。这时我们就可以开始寻找这种元素的独特足迹，即波长为21厘米的无线电波了。在之后的几亿年中，氢原子始终保持中性，在高低能量状态之间切换，并发射无线电波，直到恒星和星系开始形成，宇宙中的氢又再度电离。

恒星发出的不仅有可见光，还有紫外辐射，后者能把氢原子分解为构成它的电子和质子。当最初的恒星开始发光，它们就重新电离宇宙中的中性氢原子。这并非在刹那间发生，而是持续了一个历元。在很长一段时间里，早期恒星和黑洞发出的紫外光刺破了宇宙中由中性氢原子组成的黑雾，将其分解成了一团团质子和电子。宇宙中变换的化学成分提供了天体物理学家寻找21厘米波长辐射缺席的数据。电离的氢原子不会发出这样的射电信号，但中性氢原子会。

因此，21厘米波长辐射消失的时候，也就是恒星诞生的时候。就像在那个著名的故事里，福尔摩斯靠那条不叫的狗破了案，这个科学谜题的关键也在于那些不再发出21厘米辐射的氢原子。

在我写作本书时，已经有人在寻找数据，试图确定恒星到底是何时开始闪耀的了。在南非，一个叫作氢原子再电离时代阵列（Hydrogen Epoch of Reionization Array，HERA）的多天线阵正在探测早期宇宙发出的21厘米波长辐射。最近哈勃空间望远镜也发现了一个星系，在大爆炸之后3.8亿年就开始发光了。另有一架詹姆斯·韦伯空间望远镜（我在几十年前担任过它第一届顾问组的成员）预计在2021年发射，去寻找年代更为久远的星系。还有目前仍在研发的24.5米孔径的大麦哲伦望远镜（Giant Magellan Telescope）、30米望远镜（Thirty Meter Telescope）和欧洲极大望远镜（European Extremely Large Telescope），最后这架望远镜的孔径达到了39米。

我们才刚刚开始接触这些望远镜获得的数据，也刚刚开始筛选关于恒星如何发光的各种解释。这个问题一旦得到解答，就会直接关系到在银河系之外的广袤宇宙中是否还有智慧生命存在的问题。如果奥陌陌真的是外星科技，那么我们几乎可以确定它的设计者也回望过我们这个宇宙的暗淡过去，并且像我们一样，从电离氢和中性氢中发现过含义。对自身所处的太阳系周围的太空，或是对太阳系之外更远的恒星产生好奇并展开探索，也就是对宇宙产生了好奇——宇宙有哪些性质？它的过去应该如何解释？它的未来又如何预测？想了解外星生物的好奇和行动，我们自身的好奇和行动就是最佳参考。不仅如此，科学的洞见还会赋予我们理解外星智慧的共同语言，甚至可能让我们与之沟通。科学也给我们提供了一件理解自身发现的工具，无论那发现是多么短暂、多么片面。因为如果有什么东西是我们能造出来的，那么很可能另一种智慧生命（如果真的存在）已经把它造出来了。

第九章

CHAPTER NINE

过滤器

　　如果我的光帆假说是正确的，那就有两种可能的解释。第一种，奥陌陌的制造者是有意选中我们的内太阳系的；第二种，奥陌陌是一件太空垃圾，只是碰巧遇上了我们而已（或者说是我们碰巧遇上了它）。这两种解释都可能是准确的，无论创造奥陌陌的那个文明今天是否仍然存在。但是根据我们对宇宙以及对自身文明的了解，我们多少可以推测出哪个解释可能是对的，那对我们意味着什么，以及对奥陌陌的创造者又意味着什么。

　　第二个解释——太空垃圾假说在一个重要的方面类似于前面写到的小行星／彗星假说：它意味着奥陌陌只是一类数量极其庞大的相似天体中的一个。银河系中的每一颗恒星平均要向星际空间发射10^{15}个这样的物体，才能让其中一个正好飞过我们瞄准天空的望远镜。换算一下，也就是银河系中的每个行星系统每五分钟就要发射一次，我们还必须假设银河系中所有文明的寿命都和银河系本身一样，长达130亿年左右。但事实肯定不是这样。

　　批评者指出，一个文明能如此密集地生产飞行器的想法，似乎比所有那些关于行星形成以及外圈云层释放大量物质并产生足够岩石的假说更不合常理。要以这样的密度将太空垃圾填满宇宙，就需要有大量文明花费大量时间发射大量物质。当然，我们只要假设某些物质是由智慧生命生产的，就能够否定这些物质在太空中随机分布。毕竟我们自己在发射五枚星际火箭的时候，并没有随机把它们送上什么轨道。我们的科学家事先已经决定了要把它们发射到特定的恒星，另一种智慧生命想必也会这么做。

我们还应该避免一个思维陷阱，就是把所有的星际宇宙飞船都想成稀有的、宝贵的，就像我们那仅有的五个星际探测器一样。一想到人类向星际空间发射的物质是如此稀少，我前面假定的大量太空物质确实会显得不合逻辑。

但是，如果再想想我和同事向尤里·米尔纳提出的用摄星计划发射星之芯片的可能频率，这个场景似乎就没有那么不合逻辑了。我和同事估计，一旦人们投资建造一部足够强大的激光器并将其送入太空，那么再向星际空间发射数千乃至数百万套星之芯片的相对成本就会呈指数下降。

不过，如果我们再回头想想那只塑料瓶，那么我刚刚描述的大量星际宇宙飞船的场景或许就又会显得非常符合逻辑了。

眼下，美国空间监视网（United States Space Surveillance Network）追踪的围绕地球运行的人造物体已超过了13,000个。这些物体五花八门，从国际空间站到失灵的人造卫星，从哈勃这样的轨道望远镜到被遗弃的分级火箭，甚至还有宇航员留下的螺栓和螺帽，还包括我们在过去50年中送入太空的2500颗人造卫星。

在这短短的50年间，我们将物体送入地球轨道平面的努力已经足以使太空垃圾成为一个紧迫的问题。比如2009年，就有两颗人造卫星以大约22,300英里的时速在西伯利亚上空相撞，分别是俄罗斯的"宇宙-2251"（Cosmos 2251）和美国的"铱-33"（Iridium 33），前者已经不再使用，而后者仍在活动。它们的相撞立即产生了一大团碎片，造成了更大的撞击风险。这是我们所知的第一起卫星相撞事件，它凸显了围绕地球运行的太空垃圾增多所带来的危险。

近些年来，卫星相撞的威胁一直在稳步增加，部分原因是有越来越多的国家将太空看作冲突的新前线。十多年前，中国为展示其反卫星导弹技术的成功，摧毁了自己的"风云一号C卫星"气象卫星。印度也在2019年实现了类似的壮举，制造了大约400片太空碎片。结果是什么？据估计，在之后的十多天里，国际空间站受到撞击的风险上升了44%。难怪空间站做了可以快速避险的设计——假设它事先能得到充分预警的话。

人类的行为可以帮助我们预测其他文明会怎么做。在想象其他文明的行为及其带来的结果方面，我们始终是自己最好的数据集。记住这一点，再想想这个：有计算机模拟显示，两百年后，我们的行为将使大于8英寸的太空垃圾增加1.5倍，更小的垃圾会增加更多。同一个模拟还显示，小于4英寸的物体将会增加13至20倍。

悲哀的是，这种在太空乱丢垃圾的行为和人类对待陆生生境的态度是一致的。2018年，世界银行发布了一份名为《何等浪费2.0》（"What a Waste 2.0"）的报告，其中估计全世界每年产生的固体垃圾达到20.1亿吨。世界银行还预计，到2050年这个数字可能会上升至30.4亿吨。2017年，美国环境保护署（U.S. Environmental Protection Agency）估计普通美国人一天产生4.51磅①固体垃圾，而美国还远不是最大的垃圾生产国。虽然美国和中国排放的温室气体最多，但产生最多固体垃圾的却是那些低收入国家，由于经济原因，那些国家没有能力恰当地处置这些垃圾。

当然，如果将视野提升到地球的高度，那么全世界的固体垃圾来自哪里其实并不重要。反正它们中的许多最终都要进入海洋。

增长最快的种类之一是所谓的"电子垃圾"——被丢弃的笔记本电脑、移动电话以及被新型号淘汰掉的家用电器。2017年，联合国的《全球电子垃圾监测》（"Global E-Waste Monitor"）报告估计，在上一年度，全世界共产生了4470万吨电子垃圾。它估计到2021年，这个数字将上升到5220万吨。

在这个问题上，我们自身文明的行为再次为我们提供了实证数据，让我们可以由此考虑奥陌陌的起源。如果我们假设奥陌陌并不是一个正在运行的探测器或一个静止的浮标，而是一件来自其他文明的已经失灵或被抛弃的技术产品，那就说明这个其他文明中生物的行为方式是我们立刻就能理解的。和我们一样，它们也在物资、技术和其他东西的生产上浪费严重；和我们一样，它们也会因为那些东西已经过时而无所顾忌地抛弃。我们只是还没有先进到可以将物体丢弃到星际空间，但我们不能因此无视那些星际邻居这样做的可能。它们或许已经这样做了。

无论是固态形式还是温室气体形式，垃圾这个类比的用处还体现在

① 1磅约合0.45千克。

另一方面：关于奥陌陌为什么会作为太空垃圾在宇宙中漫游，它指向了一个答案。这个领域的物理学先驱（比如弗兰克·德雷克，他提出了那个著名的公式，对我们在太空中探测到先进文明发出的光信号的概率进行了量化）已经给出了一个深刻的见解：宇宙中存在过的大多数技术文明，现在可能都已经灭亡了。

✦ ✦ ✦

恩里科·费米（Enrico Fermi）是20世纪物理学的一位巨匠，曾经成功地领导并建成了第一个核反应堆。因为在曼哈顿计划中发挥关键作用并促成了第一枚核炸弹的诞生，他在"二战"结束时美国迅速终止与日本的敌对方面颇有一些功劳。

当他广为流传的科研事业接近尾声，一次他在和几个同事共进午餐时提出了一个简单而发人深省的问题：宇宙如此浩瀚，外星生命存在的可能性似乎又如此之高，但我们却始终没有发现外星生命的确切证据，这个悖论该怎么解释？如果生命在宇宙中普遍存在，他问道："那么大家都在哪儿呢？"

多年以来，人们为这个问题想出了种种解释。其中一种特别引人注意，也和解开奥陌陌之谜及揭示其对我们的意义特别有关。

1998年，经济学家罗宾·汉森（Robin Hanson）发表了一篇文章，题目是《大过滤器——我们能逃过一劫吗？》（"The Great Filter—Are We Almost Past It？"）。汉森主张，费米悖论的答案或许是这个：在宇宙中，一个文明的技术发展会无可避免地预示该文明自身的毁灭。每当一个文明的技术发展到我们这种程度，也就是能向宇宙的其他部分发送信号以表明自身的存在，并向其他恒星发射飞船的时候，它的技术也就成熟到了足以毁灭自身的地步，具体的毁灭原因可能是气候变化，也可能是核战争、生物战争或化学战争。

汉森的思想实验很有道理，人类应该认真考虑他在文章标题中提出的那个问题：人类文明正在走向自己的过滤器吗？

如果费米自己就是费米悖论的答案，那将是一个不小的讽刺：正是因为费米的贡献，我们才在70多年前发明了核武器。不过，即使没有核武器，我们也因为永久地改变了气候而走向毁灭自身之路。除了这两样，抗生素耐药性的提高也是一个威胁，这一点是许多因素共同作用的结果，不过其中肯定包括工业化农业和畜牧业中对抗生素不加区分的滥用。还有一个威胁是流行病，它们的暴发正因为人类工业对地球生态系统的攻击而加快加重。

可以想象，如果人类再不小心应对，未来几百年将是我们这个文明最后的时光。如果真是那样，那么我们通过广播和电视向宇宙发射的信号（人类制造的这个不断膨胀的噪声泡泡其实只有100多年的历史），还有我们已经发射的五艘星际飞船，就会成为如同地球上恐龙骸骨一般的证据：曾经无比强大、超凡绝伦的存在，现在却只能成为其他文明的考古学家进行研究的材料。

我们不必眺望远方就能明白这个大过滤器的运作方式。造成我们自身死亡的那个小过滤器和人类的近代历史已经提供了有用的数据。

我父亲的家族曾在德国扎根生活了700年。我的祖父阿尔贝特·洛布在第一次世界大战中英勇作战，并在1916年的凡尔登战役中幸存下来。那是"一战"中历时最长的一次战役，估计造成了14.3万名德国士兵阵亡，法德两军的死亡总数为30.5万。在整个"一战"中，伤亡的军人总数在1500万至1900万之间，如果再算上平民伤亡，这个数字就要达到4000万左右。

我的祖父作为骑兵在那一战中表现出色，因而被授予了一枚勋章，但是大概十年之后，那枚勋章几乎就一文不值。1933年，在我祖父一家居住的内策-瓦尔代克（Netze-Waldeck）地区召开的一场城镇集会上，一名纳粹党员高声宣称国内的犹太人正在耗尽德国的资源。我祖父站起身来与他对峙："你怎么敢这么说话？大战时我在前线为德国战斗，而你仗着共产党员的身份逃过了征兵。"那名演讲者回答："洛布先生，我们都知道您爱国，对国家做出了贡献，我说的是其他犹太人。"但当时，在德国乃至欧洲许多地方，势头不断上涨的恶毒的反犹主义已经十分明显了。

这次公开对峙之后，祖父决定离开德国。他扔掉了勋章，并在1936年移居到了当时由英国统治的巴勒斯坦地区，也就是今天的以色列。家族其他分支的成员都留在了德国，觉得应该再观望观望，他们相信就算形势紧张，德国也会允许他们搭乘最后的列车离开。不幸的是，那些列车后来都开去了另一个地方，我们家族中的65人全部在大屠杀中遇难。

我至今还保存着阿尔贝特100年前的一块怀表，以纪念他的勇敢和正直。怀表上镌刻的姓名首字母和我的一样，这对我来说也是一种提醒。引领我们来到此处的因果链条是何等脆弱。

+ ✦ +

奥陌陌的谜团是在我父亲于2017年1月去世后不久出现的，并随着我母亲健康的衰退而徐徐展开。我母亲在2018年夏季被诊断出了癌症，

2019年1月不治身亡。

我父亲大卫长眠在他种了一辈子树的那片红色土地上，不远处就是他经常浇水的几个种植园，还有他用自己粗糙的双手建造并在其中抚养我长大的那栋房子。他的四周围绕着他爱的也爱他的人们，他的上方是我作为天文学家研究的那片蓝色天空。我母亲萨拉引领我走上哲学思考的道路，我成年后每天与她交谈，是她赋予了我精神生活。父亲去世两年后，我把母亲安葬在了他身边。

在天文学里，我们明白物质会随着时间的推移变换出新的形式。构成我们身体的物质是大质量恒星爆炸时从其核心产生的。它们重新聚集，构成了地球，地球滋养了植物，植物喂养了我们的身体。我们是什么？不过就是宇宙历史的短暂一瞬中，暂时寄居在无数行星中的一颗上，由少许物质构成的稍纵即逝的形体罢了。我们是微不足道的存在，不仅是因为宇宙浩瀚无边，还因为我们本身就如此渺小。我们每个人都只是转瞬即逝的存在，倏忽而来，倏忽而去，最多就是在其他转瞬即逝的存在的心中留下一些印象。仅此而已。

父母的逝世让我看清了这一点，也让我看清了其他关于生命的基本真相。我们只在世间短暂驻留，所以最好不要自欺欺人。让我们保持坦率、真诚和雄心吧。让我们的局限，尤其是我们被给予的有限时光，来启发我们的谦卑吧。还有，让我们用那个小过滤器来更真也更清醒地理解汉森所说的大过滤器吧。前者是我们自身生命的局限，后者是我们整个文明的终结。人类的历史已经证明，如果没有充分的关怀、勤奋和智慧，我们是多么容易终结同类的生命。

在我们从奥陌陌那儿学到的所有教训中，最要紧的一点或许就是不要让战争和环境退化的小过滤器膨胀成终结文明的大过滤器。我们必须以更多的关怀、勤奋和智慧来保存自己的文明。只有这样我们才能拯救自己。

在服兵役的那几年里，我在步兵训练中学到过一句话：舍身躺在带刺铁丝网上。在有些不同寻常的条件下，士兵必须主动躺到带刺铁丝网上，让战友们踩着他的身体安全穿越。我并没有膨胀到认为自己的经历可以和这种士兵的牺牲相提并论。但是，一想到那个大过滤器的可怕，想到那些为促进人类共同事业的发展而牺牲自己的先驱，我就觉得这幅画面格外鼓舞人心。

有一件事我是确定无疑的：现存的地球文明和我们将来可能建立的星际文明之间只由几根纤细的线连着，而这些细线是无法用保守和谨慎来维系的。借用布拉斯洛夫（Breslov）的纳赫曼拉比（Rabbi Nachman）的话来说："整个世界不过是一道窄窄的桥，跨越的关键在于克服一切恐惧。"

+ ✦ +

1939年9月1日，也就是我那位高瞻远瞩的祖父离开纳粹德国三年后，德国入侵波兰，这个行星上的大部分国家也随之被拖入了战争。要再等八个月，温斯顿·丘吉尔（Winston Churchill）才会担负起英国战时首相的职责。在这八个月中，丘吉尔始终不懈地向他的国家和世界警告阿道夫·希特勒和那个穷兵黩武的德国构成的威胁。

丘吉尔也没有放弃他那项珍爱的消遣——写作。在那十年里，他创作了一部马尔伯勒公爵一世的四卷本传记，还为报纸和杂志撰写了大量评论和文章。他特别感兴趣的一个主题是科学（丘吉尔是第一个为政府任命平民科学顾问的首相），他的科普文章五花八门，内容包括生物演化、聚变乃至外星人。

1939年，正当他周围的世界分崩离析之时，丘吉尔写了一篇题为《我们在太空中是孤独的吗？》（"Are We Alone in Space？"）的文章。他始终没有拿去发表。再后来因缘际会，众多事件将他推上了政治影响的巅峰，也将这篇文章扫进角落，埋没了几十年。在打赢一场战争之后，丘吉尔又根据英国的政治风气，对这篇文章做了修改。到20世纪50年代，他给文章起了一个更加准确的标题：《我们在宇宙中是孤独的吗？》（"Are We Alone in the Universe？"）。但是直到他去世，这篇文章都没有发表。它被收进了美国国家丘吉尔博物馆的档案馆里，无人知晓也无人评论，一直到2016年才重新被发现。

这篇出色的文章从未发表实在是一件憾事，因为文中的部分理念远远超越了那个时代，其中的远见卓识，无论在当时还是现在都是迫切需要的。在思考太阳和我们这个行星系统的独特之处时，丘吉尔展现了一位博学之士的谦逊，他写道："我绝不会自大到认为我的太阳是唯一拥有一群行星的恒星。"丘吉尔也很聪明。早在系外行星被发现之前几十年，他就推断宇宙中应该存在大量"和母恒星保持恰当的距离，以维持合适温度"的行星。他说我们有理由相信这些行星拥有水和大气，因而能孕育生命。他还写道，既然太空如此浩瀚，恒星如此繁多，"许多恒星都很可能拥有各自的行星，而这些行星上的环境不会是死气沉沉的"。虽然对恒星间的旅行抱有怀疑，但是丘吉尔坦言："在不久的将来，人类或许可以到月球旅行，甚至登上金星或者火星。"

这篇文章的悲观论调并不是针对宇宙中存在外星生物的可能，甚至也不是针对人类到达其他行星的能力，而是在感叹人类自身。丘吉尔写道："在我看来，我们这个文明取得的成就还说不上伟大，它还不足以让我觉得在茫茫宇宙之间，只有我们这个地方栖息着有生命会思考的动物，也不足以让我觉得在广袤的时间与空间之中，我们已经是心智和身体状态的最高形式。"

当我在几年前第一次听说丘吉尔的这篇文章时，我不由得在心里开展了一个思想实验。丘吉尔写下此文不久后爆发的那场蔓延全球的战争，据估计耗费了1.3万亿美元——换成今天的币值大约有18万亿美元。关于因战争而死亡的人数，我们并没有可靠的记录可供估算，学者们也一直因为哪些死亡可以明确地归因于战争本身而争吵不休，但大致的范围是在4000万至1亿人之间。

假使在20世纪40年代，人类把这1.3万亿美元，更不用说那4000万到1亿人的技能、专长、力量和智慧都用来探索宇宙，结果将会如何？假使那一个时代的天才们并没有致力于毁灭，没有将自己最大的心血花在核武器的研发上，而是转向将地球上的生命送入太阳系以及更加遥远的宇宙，结果将会如何？假使人类文明因为谦卑和对科学方法的应用，从人类自身的存在推知了宇宙中可能还有其他文明的存在，结果将会如何？假使在1939年和之后的十年里，人类将努力的方向转到了太空探索和寻找地外生物，而不是大规模地消灭地球上的生灵，结果又会如何？

假如真有多重宇宙，并且别处存在我们这样的人类文明，那么据我猜想，它至少已经拍到了奥陌陌的身影，甚至可能捕获了奥陌陌，并对它开展了彻底的研究。或许那些人类对自己的发现根本不觉得惊讶，因为在他们那个版本的地球，突破计划早在几十年前就已启动，所以他们早就收到了由激光驱动的光帆飞船在飞近比邻星时捕获的信息。他们也肯定早已开始思考，当太阳不可避免地走向死亡，有什么办法可以延续生命。我还有一点猜想，就是他们的海滩上不会有我们那么多的垃圾。

我确信，那个地球和我们这个地球至少会有一个相似之处。我敢肯定，他们的历史学家会把轴心一代（也就是在20世纪40年代启动一切的那个年代）奉为最伟大的一代。

唉，可我们生活的是这个地球，保住这一个人类文明是我们共同的任务。在多重宇宙理论家向我们提供的所有思想实验中，我认为最有启发的是这一个：作为眼前这个宇宙的居民，我们应该做些什么？

写到这里，我想起了从起居室的窗口望见的那棵树。我们这个文明，是会粘起它受伤的枝条、让它复原成长，还是会无视或剪断它、永久地结束这一枝条生长的可能？

无论怎样选择，我们都是在用子孙后代的人生打赌。如果在面对奥陌陌的奇特属性时，我们能想到的只有那个在统计上可能性极小的自然形成假说，如果我们不能像福尔摩斯那样，接受手头的数据所指向的最简单的唯一解释，那我们可能就不仅仅是在阻碍文明的下一次跃进了。我们或许会迈入那道深渊，加入许多湮灭文明的行列，而凭我们文明现在的发展程度，也许还不足以在宇宙中留下一个名片般的浮标。

第十章

CHAPTER TEN

天文考古学

如果我们认定文明在宇宙漫长的历史中倏忽而生、倏忽而灭——或许次第发生，整个过程对于我们自己的文明就是一个严厉的警告，也可以是一次机会。

作为科学家，作为人类这一物种，我们可以专门制定侦探策略，去寻找那些消亡文明的遗迹。即便是间接发现了这样的证据，我们也能学到重要的一课——如果要避免相似的命运，我们就必须团结行动。

就像前面所说的那样，或许这一课就是奥陌陌捎来的一封意义深远的瓶中信，而我们却在顽固地拒绝读它。我认为，要完全读懂这封信，我们就不能只把天文学看成对太空物质的研究，还要把它当作一门跨学科的探究性事业。

我们迫切需要一个新的天文学分支，我已经将它命名为"太空考古学"（space archaeology）。就像现在的考古学家挖掘地面以了解玛雅社会一样，天文学家也必须挖掘太空，从中寻找外星技术文明。

光是想象这些天文考古学家可能找到的东西就已经令人着迷了，但那还不是认真从事这项研究最有力的理由。这项研究很可能得出一些将我们推上新的科学和文化轨道的真知灼见，或许还能使我们的文明成为少数几个逃脱大过滤器的文明之一。

前面说过，德雷克公式（那个旨在帮助锚定对地外智慧生命的讨论的公式）的最大的局限之一在于，它把眼光狭隘地集中在了通信信号上，而通信信号只是其他文明可能留下的各种可追查线索中的一种。弗兰克·德雷克将这个公式中的第一个变量 N 定义为我们的银河系中拥有星际通信技术的物种的数量，将最后一个变量 L 定义为这样的物种发出可追查信号的时间长度。简单地说，他的公式有一个前提，那就是有意识的通信活动是我们发现外星文明的唯一线索。

然而，外星文明还可能以多种其他形式无意识地播报自身的存在，随着新技术的诞生，寻找这类证据的新途径也在不断增加。我们该如何重新定义搜索的范围？或者换一种问法：我们应该寻找什么？又该去哪里寻找？

上面的第一个问题我认为比较容易回答。我们知道，一切生命形式都可以用所谓的"生物标志物"来识别，比如藻华，比如生物在环境中制造的大气污染。因此，除了寻找技术上比较先进的外星生命的踪迹，我们还可以去找找那些不太先进的外星生命存在的证据，比如微生物，无论它们是活的还是早就已经死了。

于是，这第一个问题就引出了另一个更加具体的问题：我们应该寻找哪种生命，是先进的还是原始的？我和我的博士后研究员马纳斯维·林加姆（Manasvi Lingam）合写过一篇论文，在文中我们分别估算了只用最先进的望远镜（在当时包括詹姆斯·韦伯空间望远镜，那是哈勃空间望远镜的继任者）发现原始外星生命和智慧外星生命的概率。从根本上说，这是为了确定天文考古学家应该投入几分精力用于寻找生物标志物，又该投入几分用于寻找技术标志物。这次估算让我对上面提出的"我们应该寻找什么"这一问题有了更加清晰的思考。

在这项研究中，我们要处理一些非常不确定的变量，对其中几个我们还必须尽可能准确地猜测。比如我们必须断定，比起微生物，智慧生命要稀有多少？比起生物标志物，找到技术标志物又会困难多少？我们还要过多久才能发现这两种标志物？对变量的挑选也反映了我们对大过滤器的担忧，不过对于我们寻找的那种外星技术智能会存在多久，我们还是做了乐观的猜测——我们认为它可以存在一千年。

我向来认为乐观主义是科学研究的先决条件，而就这次研究来说，乐观精神也体现在了我们的实际运算中。从不止一个方面来看，你越是悲观，发现智慧生命的概率就越低。还有一点需要考虑：在我刚刚描述的场景中，我们既要猜测可被发现的智慧生命存在的时间长度，又要猜测另一个与之相关的变量，即我们自己有多长时间可以用于寻找它们。

说了这么多，我必须承认发现原始生命或者微生物不等同于发现地外智慧生命。尽管发现这两种生命都会根本性地改变人类对自身的看法，但产生冲击更大的还是找到高科技智慧生命的证据。一旦知道了有其他文明，甚至可能有更先进的智慧文明存在或者曾经存在，我们就会迫使自己对宇宙和我们自身的成就采取更加谦卑的态度。

我们最终认定，发现智慧生命的概率要比发现原始生命的概率低约两个数量级。但我们也认定对这两类生物的寻找要同时进行，只是更多的经费应该拨给原始生命，因为我们预计它们的数量会更多。此外，智慧生命的存在也会大大提高我们发现微生物的可能性。

所以，我们应该寻找什么？两个字：生命。我们应该做好先发现一类、再发现另一类的准备。

还有，我们该去哪里寻找？这个问题更为棘手也更为复杂，但它的答案或许更为人所熟知，因为那需要我们从地球上的自然发生（abiogenesis），也就是地球生命的起源入手进行研究。

生命起源是一个新兴的研究领域。虽然我们已经对其中的一个方面——地球上的自然发生有了许多了解，但我们的这点知识仍只是辽阔无知之海中的一座小岛。不过对于这座小岛将向哪个方向前进，我们还是有理由保持审慎乐观的。

当我写下这段文字时，人类对一个问题的认识已经有了长足进步，那就是作为生命基本构件的细胞最初是如何获得复制以及代谢功能的。同样在认识上获得长足进步的，还有像蛋白质和碳水化合物这样的生物分子，它们的前体是如何从一个共同的起点出发，被合成和组装起来的。虽然不知道外星生命是否也依赖于这些孕育地球生命的基本构件，但是当我们逐渐了解地球生命如何出现时，我们也更有能力思考其他星球上生命自然发生的频率。

在对外星生命的寻找中，有一个问题的重要性独一无二，那就是生命到底是基本确定的大概率事件，还是随机发生的小概率事件的结果。换句话说，同样的基本条件总能创造出生命吗？还是地球生命的诞生只是一个反常事件，再次发生的可能微乎其微？

许多领域正在各个方向上推进对这些问题的研究。在这个过程中，有一个简单的观测显得格外突出：我们唯一的那个重要的数据源头，也就是地球，其"生殖力"之旺盛实在令人惊讶。引起生命在地球上出现的种种因素，尤其是地球和太阳的距离，创造出的不仅仅是围在海底热泉周围的那寥寥几只微生物。它们创造出的是一个富饶的生物圈，这生物圈如此丰富多彩——在今天的动物和植物之前还存在过整整一个纪元的爬行类动物。我们要是还以为整个浩瀚宇宙的丰富生命都只集中于一颗蓝色的星球，就真是自大到极致了。

地球上几乎所有的生命都必须依赖太阳。人类从文明的破晓时分就开始崇拜太阳，直到上次你在沙滩浴巾上懒懒地躺一个钟头时依然如此，这种崇拜不是没有原因的。我们是名副其实的恒星之子，构成我们身体的物质产生于爆炸恒星的内核，它们先是形成了地球这样的行星，然后构成了地球上的一切生命，包括你我。如果没有太阳发光发热，就不会出现植物，不会有充足的氧气，也不会有我们所知的一切生命。

毫不夸张地说，地球上大部分复杂的多细胞生物都直接或间接地依赖于太阳。但这一点和寻找地外生命又有什么关系呢？我们确切地知道太阳滋养着有意识的智慧生命又可以为我们在别处寻找生命的工作提供怎样的指引呢？

了解我们的太阳是否反常，我们就可以知道它所哺育的生命是否反常。如果太阳在所有方面都是一颗典型的母星，而它周围有知觉的生命又极为少见，甚至独此一家，那么我们的存在很可能就是随机选择的结果，是真正反常的一件事。而如果太阳在某些方面并不典型，这些不典型的特质或许就是产生生命的必要条件，我们的存在就会因此变得不那么随机，也不那么独特。那反而会使我们对地外生命的寻找少一点随机，因为我们有理由去考察和太阳相似的恒星。

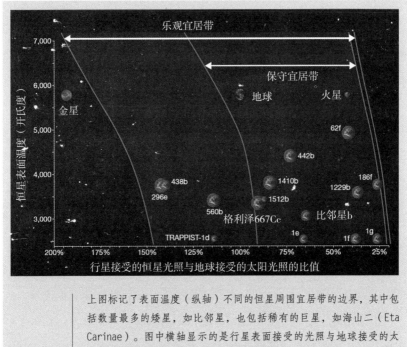

上图标记了表面温度（纵轴）不同的恒星周围宜居带的边界，其中包括数量最多的矮星，如比邻星，也包括稀有的巨星，如海山二（Eta Carinae）。图中横轴显示的是行星表面接受的光照与地球接受的太阳光照的比值。几颗已知的行星都在图中标出。在太阳系外，离我们最近的宜居行星是比邻星b，位于图中右下方。

图片来源：Mapping Specialists, Ltd.

　　日地系统碰巧在两个明显的方面都表现反常。第一个就是太阳的质量（大约是地球的33万倍）很大，超过了95％的已知恒星。虽然这还不能打消我们在行星——围绕更接近统计平均值的恒星运转的那些——上寻找生命的兴趣，但是有限的时间和金钱鼓励我们去搜索那些质量特大的恒星，就像哺育了我们的这一颗。

+ ✦ +

　　太阳的特质鼓励我们将寻找地外生命的注意力集中在和太阳相似的恒星上——至少一开始应该这样。地球的特质也在指引我们的探索，尤其是在挑选优先考察哪些行星的时候。

　　我们知道，地球支撑着一个稠密而复杂的生物圈，从地球上观测到的数据让我们能够列出一张简短的特征清单，作为在其他行星上进行寻找的参照。而在所有对地球的宜居性不可或缺的特征中，最重要的一点就是存在液态水。

　　液态水常被称作"万能溶剂"，是将能量送入细胞、将废料运出细胞的理想工具。我们发现的地球生物中，还没有哪一种能离开它而生存。实际上，液态水对生命如此重要，连天文学家都用它来划定每颗恒星周围的宜居带，并用一颗行星和太阳系中心的轨道距离来做度量。天文考古学家如果想寻找外星文明，第一步就是找出处于恒星宜居带上的行星，在那里水既不会冻结也不会蒸发。

　　事实证明，宇宙给了我们一组尴尬的观察对象。

　　在过去20多年间，我们知道了宇宙中包含大量系外行星。这一连串发现始于1995年，那一年天文学家米歇尔·马约尔（Michel Mayor）和迪迪埃·奎洛兹（Didier Queloz）首次观测到了系外行星——飞马座51b（51 Pegasi b）存在的确切证据。那是一颗类似木星的行星，围绕一颗类似太阳的恒星运转，与恒星距离很近。两人发现这颗系外行星依据的是那颗恒星在这颗行星绕它运转时的视线运动（line-of-sight motion）。他们的开创性研究开启了寻找系外行星的新时代，并为他们赢得了2019年诺贝尔奖。

但实际上，这项研究的基本轮廓并不新鲜，它早在40年前就已经由天文学家奥托·斯特鲁维（Otto Struve）勾勒了出来。斯特鲁维主张，对地外行星的寻找或许应该着眼于那些气态巨星，它们在紧密的轨道上围绕母恒星快速运转，不出几个地球日就能环绕恒星一周。斯特鲁维在1952年的一篇论文中指出，这类行星存在的证据是一些双星（被引力捆绑在一起的一对恒星）会以相似的方式围绕它们共同的质心运转。通过这些巨大的系外行星对母恒星强大的引力牵引，或者它们飞过母恒星表面时对其光线的遮挡，人们应该就能比较容易地发现它们了。

然而斯特鲁维的论文却被冷落了，连同他的那个寻找类似木星的近日行星的建议。执掌各个大型望远镜时间分配的委员会的学者们宣称，木星远离太阳的原因已经众所周知，他们实在看不出还有什么理由再浪费望远镜的观测时间去寻找十分靠近母恒星的系外木星。他们的偏见使科学发展推迟了几十年。

后来系外行星变成了主流接受的合理假说，人们发现它们的速度就迅速加快了。在发现飞马座51b后的十年里，人们又发现了数百颗系外行星。2009年，美国国家航空航天局启用了专门为寻找系外行星而建的开普勒太空望远镜（Kepler Space Telescope）。截至我写作本书时，这个数字已经跃升到了4284颗，并且有数千个候选天体正在等待确认。不仅如此，我们现在还知道大约1/4的恒星周围都有大小和表面温度与地球相当的行星在围绕它们运转，这些行星的表面可能存在液态水，还可能有构成生命的基本化学构件。

我们的观测设备可以对准的系外行星如此之多，使我想起了犹太人在逾越节晚宴上的一个普遍的传统做法：把一种名叫"藏饼"（afikomen）的无酵饼藏起来。在一个家庭里，孩子的任务就是找到这块藏饼，谁找到了谁就会得到奖励。

当时年纪还小的我学到了一课，现在面对新兴的天文考古学领域，已经成年的我再次想起了这一经验："去哪里找"要比"到底在找什么"更加重要。我和两个姐姐很快发现，寻找藏饼的最佳地点就是以前藏过它的地方。

在今天，这条策略也在指导着寻找外星生命的工作。我们大部分的望远镜和观测仪器都是在具备了某些特征（最关键的特征是液态水）的岩石行星上寻找生命存在的证据，这些特征都和我们唯一知道存在生命的地方相吻合，那就是地球。

但是我们只能做到这一步吗？还有没有什么别的地方可以搜索，即使我们只把注意力限定在其他恒星的轨道上？

看起来和地球相似的系外行星并非寻找生命的唯一地方。我和马纳斯维·林加姆还开展了其他研究，我们发现，还有一类地方很有希望发现生命的化学活动，就是在所谓"褐矮星"的大气层里。

褐矮星是娇小的恒星，质量才不到太阳的7%。由于不像其他恒星那样拥有足够的质量维持核反应以燃烧发光（以及发热），它们会冷却到行星的温度。这就使得液态水可能存在于褐矮星周围云层中的小型固体颗粒的表面。

褐矮星不必是寻找的终点，我们还应该考虑一下绿矮星。这些矮星的反射光中带有的"红边"很能说明问题，因为那是植物进行光合作用的证据。根据我们的计算，在类似太阳的恒星周围运转的绿矮星，或许是最有希望找到那块天文生物学"藏饼"的地方。

绿矮星、褐矮星和恒星宜居带上的系外行星这些天体绝不会穷尽天文考古学家的可能选项，尤其当你设想的是在技术上比我们先进得多的文明时。只不过在寻找外星生命的这个阶段，当我们提出的理论、用来观测的工具和进行探索的努力都还相对处在婴儿期时，上述三种天体已经是我们现有的最好目标了，至少是在太阳系外。

思考如何在星际空间寻找生命的同时，我们也必须承认自己还不曾穷尽自身太阳系中的所有可能。天文考古学家还应该到自家行星的后院里去找找地外生命存在的证据。

我们可以先从寻找太阳系中漂浮的技术设备入手。就像发现奥陌陌那样，我们还可能发现来自别的恒星的其他造物，并获得关于它们的决定性证据。在我们自身实现技术革命后的第一个百年里，我们就向太阳系外发射了"旅行者1号"和"旅行者2号"。谁知道一个先进文明还可能发射过多少个这样的物体呢？

要发现飞临我们的外星科技，最简单的方法就是在最近、最大也最亮的那盏路灯下面寻找，那盏路灯就是太阳。就像奥陌陌那样，太阳光会向我们提供关于那些物体形状和运动的宝贵信息，并使它们更容易被看见。我们的搜寻需要现有的一切支援，因为到目前为止，我们用来发现像奥陌陌之类物体的工具都还比较原始。

就像我在本书开头的地方解释的那样，当初那几架望远镜发现奥陌陌都是无意之举，它们从设计、建造到部署，都是为了完成别的任务。

因此，最早的一批太空考古学家也必须改变现有天文学工具的用途来达到其他目的，至少在世界为他们提供专门用于其研究的太空考古仪器之前都得如此。

与此同时，要在我们的太阳系中寻找外星科技，也许最容易的手段（也肯定是我们找到外星科技的最好机会）是发明一种方法，使我们能在它与地球碰撞的时候探测到它。而这又会要求我们设法利用地球的大气层来寻找人造流星。如果外来物体大于几米，它就会留下一块残余的陨石，要是我们能探测并追踪到这块陨石，或许就能找到关于外星科技的第一个实物证据了。

我们还可以在月球和火星的表面搜索外星科技的残骸。无论是将月球（既没有大气也没有地质活动）比喻成一座博物馆、一个邮筒还是一只大垃圾箱，有一点我们是可以确定的：月球保存了过去几十亿年来撞击它表面的所有物体的记录。但如果不加审视，我们就永远不会知道这份记录是相当于一座雕像、一封信函、一堆垃圾，还是什么都不是。

我们也不必将自己局限在行星的表面。比如我们就可以把木星看成一张引力渔网，将飞过它附近的星际物体——捕获。目前科学家对于木星上存在之物的看法还太狭隘，他们认为在木星上只会发现天然岩石或者冰冻天体，比如小行星和彗星。确实，我们邂逅的大多数物体无疑都属于此类。但或许我们也会邂逅一些别的什么。

一旦发现了别的什么，我们就会获得丰厚的回报，所以我们应该努力寻找。是的，这相比那些低调的研究要昂贵得多，也要不确定得多，但这样的寻找和我们一家人在沙滩上散着步观察贝壳是相近的。或许，明天的太空考古学家会找到外星文明留下的造物，就像我们在海边看到的塑料瓶。

✦ ✦ ✦

　　我们为明天的考古学家配备的工具越多，他们的搜索范围就能拓展得越远。就像我和埃德·特纳共同假设的那样，从我们太阳系的边缘望去，你可以寻找远方的城市（或巨大的宇宙飞船）发出的人造光线。通过物体远离我们时变暗的方式，你就可以区分它到底是人造光源还是反射日光的物体。一个自身发光的物体，比如一只灯泡，其亮度会和距离的平方成反比。而远处一个反射日光的物体，其亮度会和距离的四次方成反比。

　　太空考古学家可以有效利用的一件工具是薇拉·C. 鲁宾天文台的那架先进仪器。这架大视场反射望远镜预计2022年开始巡视天空。它能为银河系绘出星图，也会测量弱引力透镜，让我们能深入了解暗物质和暗能量，此外，它还有望将人类记录的太阳系天体数增加10到100倍。薇拉·C. 鲁宾天文台这架先进仪器的灵敏度远远超过其他所有的巡天望远镜，当然也包括发现了奥陌陌的那架。

　　掌握了这种前所未有的眺望太阳系外更远距离的全新能力，我们就可以在一颗行星的表面上寻找人造光线或热量的重新分配了。只要打破德雷克公式的桎梏，我们就可以着眼于通信信号之外的技术标志物。要了解具体的做法，先来看看我们正在观察的一颗系外行星吧。

　　被潮汐锁定的比邻星b处在比邻星的宜居带上，比邻星是离太阳最近的恒星。当我和几位同事开展摄星计划时，比邻星b是我们认为有可能发射光帆的系外行星。虽然它的大小和地球相当，但这颗岩石行星的一面总是朝向恒星。你或许还记得，我的小女儿曾指出在这样一颗行星上拥有两座房子行得通，一座位于始终炎热光明的永昼面，另一座位于始终寒冷阴暗的永夜面。

但是，先进的文明可能会找到一个在技术上更加成熟的方案。就像我和马纳斯维·林加姆在一篇论文中共同主张的那样，这颗行星的居民可以在永昼面铺设光伏电池，从而产生足够的电力来为永夜面照明和加热。如果我们将仪器对准了这样一颗行星，那么它在恒星周围转动时表面的亮度变化，就可以告诉我们是否已经存在这样的工程项目，而且它永昼面的太阳能电池还会产生独特的反射率和色彩。只要观测这颗行星在围绕母恒星运转时的亮度和色彩，就可以完成寻找永昼和永夜这两种现象的研究。

太空考古学家可以让他们的仪器寻找多种迹象，以上的例子只是其中的一种。参考我们的地球，他们也可以在遥远行星的大气中寻找工业污染的证据。其实，在奥陌陌进入太阳系几年前，我就和我的本科生亨利·林（Henry Lin）以及大气专家贡萨洛·冈萨雷斯（Gonzalo Gonzales）合写了一篇论文，探讨了在系外行星的大气中寻找工业污染物作为先进文明存在的标志物。虽然被一层污染物覆盖的大气可能标志一个文明最终没能逃出大过滤器，但它也标志着另一个文明曾经有意地给一颗原本太冷的行星加热，或是给一颗被认为太热的行星降温。这种离研究目标数光年远的天文考古发掘还可以包含对人造分子的寻找，例如氯氟烃。在一个文明消亡许久，不再主动发出信号之后，其工业文明创造的一些分子和表面效应仍将继续存在。

当然，太空考古学的沙盒可以一直延伸到宇宙边缘。我们没有理由将自己的搜索局限在行星上。明白了这一点，有些科学家就可以专门在远方天空扫过的光束中寻找闪光了。这些光束或许标志着一个文明的通信手段，又或许标志着一个文明的推进手段。当人类使用我的团队为摄星计划设计的方法，为光帆飞船进入宇宙做必要的准备时，光帆边缘就会因为泄漏光线——这是不可避免的——而发射出其他文明也能看见的明亮闪光。

另外，我们寻找的也可以是一大群明显阻挡了遥远恒星很大一部分光芒的卫星或是巨型结构——名叫"戴森球"的一种构想，它的提出者是已故的大天体物理学家弗里曼·戴森。这样的巨型结构会面临工程上的巨大困难，即便存在也肯定是稀有的。但它也为如何避开大过滤器提供了一种可能的技术解决方案。只要具备远见、手段和机会，一个濒临灭绝的文明就能够克服那些困难。不过要确定这种结构是否存在，我们还是得先去寻找证据。

由于太空考古学的研究前提是存在超越我们的智慧，对这类巨型结构的思考会反复引出一个研究者必须克服的问题。像戴森球这样的项目在人类看来比登天还难，甚至是不可能的，也许只是说明我们的智力还不足以实施它。假如有一个文明的先进程度远远超越了我们，那么它多半已经克服了我们有限认知里的那些不可逾越的障碍。

天文考古学如果发展到极致，一定会使人感到谦卑，而这也是它最可能产生丰厚回报的一个方面。

如果可以接受我们多半比自己之前的那些文明要落后，我们就很可能找到加快自身缓慢演化的方法。这种心理上的转变或许可以让人类向前跃进数千年、数百万年，甚至数十亿年之久。

处处都有证据显示，人类为智能设定的标杆可能并不算高，或许其

此图为艺术创作，图中残骸的大小相比地球的实际情况有所夸大。

恒星和行星周围两个来自外星智能的人工结构。上图为戴森球（一种在恒星周围收集其光线的假想的巨型结构），下图为一大群通信卫星围绕着一个类地球行星。

他文明已经越过它了。这个标杆近在眼前，它就在你手上的报纸、距你最近的屏幕和你不断刷新的新闻里。智能的真正标志是个人幸福的提升，但我们的行为却往往与之相反。我已经发现，只要密切关注世界上最紧要的那些新闻报道，就会发现有充分的证据表明我们绝非宇宙中最聪明的物种。

人们很少关注全人类的集体幸福，过去的千百年来如此，今天依然如此。我们眼下的种种恶习中，有一条就是反复为短期利益牺牲长远利益，这些利益涉及像碳中和能源这样复杂的问题，像疫苗这样令人焦虑的问题，还有像环保购物袋这样显而易见的问题。一个多世纪以来，我们始终在用无线电波向整个银河系宣告我们的存在，却从来不曾停下来担心是否可能有其他文明比我们聪明，比我们更有掠夺性。

当然，要让人类文明向宇宙发布一条更细致更统一的信息，我们就必须协同努力，而这种努力的前提又是文明能够团结一致。从人类的历史来看，我们没有充分的理由相信这一点可以在将来实现，至少在不久的将来是不太可能的。

对于太空考古学这门新兴学科，除了获取必要的工具和资源，我们还要迎接另一项根本的挑战，那就是用什么方法才能使我们更好地想象其他更先进文明的产品。换言之，我们绝不能被自身的经验以及由这些经验得出的假设所束缚，从而在面对那些或失灵，或被丢弃，或是主动发射的外星技术时，毫无智力上的准备，无法对其做出解释。

为了向学生们说明我们不能让过去的熟悉经验限定将来的可能发

现，我常常会用到穴居人发现一部现代手机的类比。它很适合用来类比另外一种可能：人类或许很快就会发现一部由地外智慧生命开发的先进技术设备。要是我们没做好准备，冷落了太空考古学，我们很可能会做出和那些穴居人相同的反应——把那部手机想成一块奇特发亮的石头。由于目光短浅，那些穴居人将失去一个跃进百万年的机会。

有一点是肯定的：如果我们认定人类绝无可能找到外星物体存在的证据，就像部分科学家对待奥陌陌的态度那样，如果人类在宣称"那不可能是外星人"之后集合了该文明的人力、财力和学力，那么我们就肯定无法找到外星文明存在的证据。要想前进，我们就必须突破思维的束缚，不能以往日的经验为基础，对将来可能找到什么产生偏见。

作为个体也作为文明，我们还必须学会对自身在宇宙中可能的位置和可能的未来保持谦虚。从统计上说，我们多半处在宇宙智力正态分布曲线的中段，而不是智力最高的那段。

我班上的学生常会吃惊地听我说出那句啰唆却发人深省的话："你们当中只有一半人比这个班级中位数的水平优秀。"同样的道理也适用于文明。我们发现了许多和地球相似的行星，但至今没有找到其他文明存在的确切证据，光凭这一点，我们还不能想当然地认为只有我们的文明和地球上的生命才有光明的未来。

虽然历史学家可以争论我们的过去是否预示人类注定走向一个更加进步的未来，但宇宙本身已经给出了明确的答案：宇宙的历史表明万物都在走向灭绝，无论是恒星、行星还是太阳系，或许还有我们所知的这个宇宙本身。别说找到外星科技，哪怕只是寻找外星科技都可以撼动我们较为狭隘的思维框架，并让我们摆脱只展望一两个世代的陋习，而不考虑我们眼中最重要的文明的未来。

✦ ✦ ✦

　　让我用一次个人经历来说明新思维的必要性。我曾经六次去欧洲的一座大学城拜访，每一次去，主人都安排我在同一家旅馆的小客房里下榻，我在冲澡时头总会撞到倾斜的天花板上，床也小得伸不开腿。终于有一次我受够了，我向自己保证："下次来，我会订一间双人房。"我也真的那么做了。

　　但是当我下一次再来到这家旅馆时，前台却对我说："我注意到您的妻子没有与您同行……我很高兴为您把预订的房间改成单人房。"我说："不行，请还是给我预订的那间双人房。"后来我向主办方提起这个故事，并问他们为什么这座城市的空间如此局促。他们回答："因为城里有条规矩，任何建筑都不能高过教堂。"我不免追问了一句："那为什么不把教堂造高一些呢？"他们接着回答："因为教堂几百年来都是这个高度。"

　　惰性是一股强大的力量。年轻人常会想象新的世界，无论是真实的还是比喻意义上的，但是他们的革命性想法又常常遭到"房间里的成年人"的怀疑和驳斥，那些成年人很久以前经历过一场场伤痕累累的搏斗，失去了挑战现实的热忱。他们只是习惯了事物原本的样子，渐渐学会了接受已知并且无视未知。

　　这里的"年轻"指的不是生理年龄，而是一种态度。因为年轻，有人主动开辟科学发现的新疆域；因为不再年轻，也有人尽量留在传统的边界之内。科学家这种身份赋予了我们特权，使我们能够保持童年的好奇，并质疑那些毫无根据的观念。但如果我们不能把握住这一机会，它就毫无用处。

　　在保守的科学界里，人们普遍认为：智慧生命多半只在地球上出现，无论是在天空中搜索人造信号还是在外层空间寻找死去文明的遗骸，都是对时间和资金的浪费。然而这是一种僵化的思维模式。今天的新一代研究者在接触了更强大的望远镜之后，有可能将这种观念彻底扭转。正如当年哥白尼颠覆地心说这一流行教条那样，我们这一代也可以通过"把教堂造高一些"掀起一场新的革命。

第十一章

CHAPTER ELEVEN

奥陌陌的赌局

　　想象一下：如果有一天我们无可辩驳地证明了宇宙中的别处也存在生命，我们在地球上的生活将会如何？再暂时设想一下这种情况：在2017年10月之前，奥陌陌就已经被发现，而且当时我们有机会发射一艘携带相机的宇宙飞船，到距它最近的地方拍下一张它的特写，进而不容置疑地证明这个物体是外星文明留下的技术残骸。

　　现在问问自己：接下来会发生什么？

　　我相信，如果在另一颗行星上发现生命存在的证据，那么深受影响的将不仅是天文学，还有人类的心理学、哲学、宗教甚至教育。虽然目前来说，科学界只有极少数人在严肃地探究外星生命存在的可能并寻找它们，可是当我们真的确定了自己在宇宙中并不孤独，上述那些学科就会进入我们的高中必修课程。我们也完全可以假定，这样的发现还会影响我们的行为方式以及我们彼此间的交往，因为那时的我们可能会觉得，自己是同一支团结的队伍——人类中的一员。地理边界和不同经济体之类的世俗问题将再也无法使我们为之担忧并发动战争。

　　这样的发现将给我们带来的改变是微妙而根本的——我必须认为其

中的大多数改变会更好。

既然宜居行星如此普遍，我们要是还认为自己独一无二就实在太傲慢了。我认为这种傲慢只属于幼时。当我的两个女儿还是学步的婴儿时，她们也曾相信自己与众不同。但是在遇见其他孩子之后，她们就对现实有了新的认识，她们成熟了。

而要让我们的文明成熟起来，我们也需要冒险进入太空，寻找别的生物。在那里，我们或许会发现自己不仅不是街区里唯一的孩子，还远远不是街区里最聪明的孩子。就像我们曾经放弃地球是宇宙中心的信念一样，现在我们也必须从明确的统计学概率出发，认清自己不是唯一有智慧有知觉的生物。不仅你和我的智力会被未来的世代所超越，人类也将不再是文明的唯一创造者。相比宇宙已经见证的那些文明而言，我们的成就很可能要渺小得多。

这样一个认知框架将使我们获得一种谦卑感，而谦卑又会使我们更好地理解自身在宇宙中的地位，并发现这个地位比我们认为的更加脆弱。谦卑会增加我们的存活概率，因为过去的每一天里，我们都在用人类文明的命运赌博。而目前看来，人类文明持续存在的概率似乎很低。

我们不妨将这看成关于奥陌陌的一场赌局，它类似于17世纪法国数学家、哲学家和神学家布莱士·帕斯卡（Blaise Pascal）提出的那场赌局。他是这样描述那场著名赌局的：人在用自己的生命去赌上帝是否存在。帕斯卡主张，人生在世，最好还是假定上帝是存在的。

帕斯卡做了如下推理：如果到头来上帝并不存在，那么你最多在有生之年放弃一些欢乐。但如果上帝真的存在，你就能进入天堂并获得无限的奖赏。而且你还避免了一切结果中最坏的那一个：堕入地狱永远受苦。

顺着同样的思路，我也主张人类应该用奥陌陌是否属于外星技术来赌一把未来。虽然我们的赌局完全是世俗的，但它的意义并不会因此变得浅薄。从实实在在的意义上来说，如果我们押对了，并在群星中找到了我们希望找到的生命，那么这一结果就是天堂本身。何况，当我们想到大过滤器的阴影，想到那些有技术能力探索宇宙的文明也很容易因为自己造成的伤口而灭绝，我们就会明白，如果下错了赌注、计划不足或计划太晚，我们的灭亡就会提前到来。

当然了，这两场赌局在一些重要的方面还是有巨大不同的。其中一点是帕斯卡的赌局要求我们有一次巨大的信仰之跃，而奥陌陌的赌局只要求我们有一次适当的希望之跃，特别是找到更多科学证据的希望。这一跃可以很简单，比如再拍一张高清特写照片——对这个我们已经从远处照了相的物体。

帕斯卡对永恒世界的成本效益分析要求他先假设一个神圣且全知的存在。而假设奥陌陌是外星科技，要求的不过是我们相信除自己之外还有其他智慧生命。

另外，帕斯卡拥有信仰且只有信仰，我们却拥有证据和推理——这两样都增加了奥陌陌是外星科技产物的概率。

还有一个理由使我觉得对比这两场赌局很有教益。我了解到，关于奥陌陌的对话常常会转向宗教。我想这是因为我们明白，任何足够先进的智能都会表现得如同神明。

✦ ✦ ✦

"在你研究天文学的过程中，你的宗教信仰，或者说你对上帝的信仰，是否发生过任何变化？"当一名《纽约客》的记者在关于奥陌陌的采访中这样问我时，我一时间觉得莫名其妙。为什么他会假定我是信教的呢？其实我在那时不信宗教，现在依然不信。

但后来有一次接受CNN（美国有线电视新闻网）采访的时候，我开始明白这种问法是从何而来的了。当那天的采访快到规定的结束时间时，采访者问我："在和外星文明生物的第一次接触中，我们会希望它们信教还是不信教？"也许是意识到了这个问题不能用一句话作答，他又补充说时间有限，我不必说出答案。

但是我觉得确实要说。更重要的是，我认为对这类问题的源头，我们需要多些思考。奥陌陌向我们呈现了一种令人敬畏的可能，而我们人类历来都在与敬畏做斗争。

千百年来，我们的文明想出了种种手段来理解那些在我们心中激起敬畏的事物，先是神话，再是科学方法。随着时间的流逝，许多这类事物都已经从人类经验的"奇迹"类别中被移除，变得平凡了，其中一个重要的原因是科学的进步。然而，任何思维领域都免不了被教条主义蒙蔽的危险，这一点对神学家和科学家同样成立。

试想，一个不信教的人会如何看待那个CNN记者向我提出的问题。他或许会暂且承认，从一方面说，信教的生物可能更加道德。他们也许会受到崇高价值观的引导，也许会坚守某项训诫，认为温顺者必将继承宇宙。毕竟人类的大多数宗教都在传授各自抽象的价值体系以供信徒遵守，这种顺从要么是害怕被神明惩罚，要么是想为社会谋取福利。一个不信教的人甚至可能承认，有少数宗教是明确拥护非暴力的，比如耆那教。

但是这个不信教的人也会指出，即使匆匆浏览一下宗教史，人们也会停下来仔细思考。随便举一个例子：16世纪西班牙人入侵中南美洲。1562年，出于对偶像崇拜的恨意，天主教神父迭戈·德兰达·卡尔德龙（Diego de Landa Calderón）怀着伟大的信仰焚毁了数千份玛雅手稿和古籍抄本，他的破坏如此彻底，几乎一点也没给今天的学者留下什么可研究的。"我们发现了大量用这种文字写成的书籍，"这位神父宣布，"由于其中的内容无不可以看成迷信和魔鬼的谎言，我们把它们全烧了。"试想，如果我们和外星人或外星科技的第一次接触也会复制天主教宗教裁判所的行径，或者像1519年埃尔南·科尔特斯（Hernán Cortés）入侵阿兹特克帝国首都特诺奇蒂特兰之后那样进行大肆屠杀，那么我们的担忧就完全是合理的了。

然而再请试想，一个信教的人又会如何回答同样的问题："在和外星文明生物的第一次接触中，我们会希望它们信教还是不信教？"毫无疑问，科学，包括像经济学这样的社会科学，一直在稳定增加人类的寿命，并减少极端贫困。但如果就此认为我们显然更喜欢一个不信教、讲科学的文明，那也同样会引起担忧。

看看最近的一个世纪——20世纪好了。第一次和第二次世界大战位居人类历史上死亡人数最多的冲突之列，而它们都是为了领土、资源和权力发动的世俗战争。也是在20世纪，旨在控制人类繁殖、改善人口素质的优生学使人错误地相信了美国的种族歧视，助长了纳粹德国的大屠杀。还有20世纪最夸夸其谈的世俗实验——苏联，也经常要求科学进步符合共产主义的意识形态教条。显然，科学同样容易受到正统思想、权威主义，甚至是暴力的左右。

我相信，问题出在采访者提出的那个问题上。这名采访者从人类文明的研究证据中得出了一条错误的思路。就整个文明而言，"信教还是不信教"很容易变成一个错误的二分观念。但是从人类历史——无论近代史还是古代史——推断，我们遇见的地外智慧生命可能同时具有宗教性和世俗性，这一点未必值得我们担忧。

再将你的思绪放到未来，放到我们在宇宙中的别处发现生命存在的证据之后的第二天。我要自信地做出另一个预测：一旦我们确定了自己在宇宙中并不孤独，人类的一切宗教以及所有的科学家都会设法适应这个现实，就连最保守的那些科学家也不例外。

我的希望不在于我们遇见的这第一个地外智慧生命是信教还是不信教，我只希望它受了谦卑的驱使而非傲慢。这样的相遇才会成为一次相互学习的体验，使双方都得到充实；而不是一场由自身利益驱动的零和冲突，继之以争夺统治权的力量斗争。当然，这个希望也涵盖了我们自己进行太空探索的方式，当我们飞临遥远的前哨，当我们考虑在群星中建立自己的定居点，自己的小贝特哈南村时，我希望人类也是受这份谦卑的驱使。当我们飞向宇宙深处，我们的道德责任以及谦卑都应该有更高的标准，超越我们在地球上的表现。

就人类而言，无论是宗教还是科学，都曾经在历史的进程中激发我们的谦卑，也助长我们的傲慢。其中最大的傲慢就是否定理性思考的成果，但那是所有的智力屏障都会产生的恶果，无论它们的创造者是神学家还是科学家。这两个领域都曾不时鼓励各自的成员竖起这样的屏障，从而限制他们的思想，强迫他们遵循现行的陈旧型研究道路。

但是我们也得承认，科学和神学偶尔都会鼓励少数从业者走上一条相反的道路，让他们丢掉屏障、开放思想，接受新鲜的、有争议的和意料之外的事物。这也是我仍怀有希望的理由。

首先，任何一个外星文明的成员在遇见我们时，多半会产生和我们遇见它们时一样的敬畏之情。它们很可能像我们一样，也对着深渊般的太空看了无数代，也明白宇宙中充满能够孕育生命的行星，但生命在宇宙中又如此稀少。

其次，它们多半会担忧我们这个物种将如何接待它们，就像我们会担忧它们的意图。无论它们对地球生物掌握了何种信息，那都必定是片面的，而且有很大一部分早就过时了。就像地球上的天文学家在观测太空时看到的是过去一样，外星的天文学家也是如此。毕竟物理定律不仅适用于我们的科技，也适用于外星人的科技。而我们迄今学到的一切表明漫长的旅途将帮助生命学会谦卑。想想人类的所有星际飞船都注定有去无回，外星人的飞船也很可能会如此。

再次，我不由得想象，我们最终遇见的地外智慧生命中会有那么几个存在主义者。我不认为这是一个不着边际的幻想。就像人类的智力发展史促使地球上的存在主义学派繁荣发展并启迪了后来的思想流派，我猜想地外智慧生命也走过了同样的思想历程。我相信它们和我们一样，也会穷尽整个文明的时光思索生命中最难解答的谜题，这些谜题是无论如何都不会从奇迹走向平凡的。

没有什么谜题比生命的意义更加基本。在我们之中，有的人分到了哈姆雷特的角色，还有的人扮演着罗森格兰兹和吉尔登斯吞[①]，但每一个人都体验过不拿剧本就大步走上舞台的感觉。在全人类中，乃至在全

---

① 罗森格兰兹和吉尔登斯吞是莎士比亚悲剧《哈姆雷特》中的配角，后被写入戏剧《罗森格兰兹和吉尔登斯吞死了》，成为主角。

部有知觉的生物中，很少有从未寻找过那个问题的答案的：我们活着究竟是为了什么？

我在很小的时候就把存在主义哲学家，尤其是阿尔贝·加缪当作导师。在加缪的作品里，我对《西西弗斯神话》很有共鸣。在希腊神话中，西西弗斯受到众神的惩罚，被迫将一块沉重的巨石推上山顶，又眼睁睁看着它在接近山顶时滚落下来，这样周而复始直至永恒。加缪认为这与人类荒诞的处境相似，人在尝试理解一个无法解释的世界时，也同样会陷入一种永久的循环。这是有知觉的生物共有的处境，生生死死，却不知为何，在加缪看来，这种处境是荒诞的。我相信，只要其他有知觉的生物也和我们一样为智力的局限所束缚，就会无可避免地得出相同的结论：生命是荒诞的。

在这荒诞面前，谁也无法轻易保持傲慢。只有谦卑才是更合理的姿态。我们越是看到人类在令人敬畏的存在面前逐渐变得谦卑，就越有理由相信外星文明也会如此。

在历史上，人类曾一次次为了高于个人生命的事业而战斗，这些事业通常和地球上的问题有关，例如国家和宗教。我随便就能举出一个例子：第二次世界大战期间，日本军人自愿为他们的裕仁天皇奉献生命。然而根据我们最新的认识，在可观测的宇宙中约存在一泽（10^{21}）个宜居行星，与之相比，天皇的地位还不如一片巨大沙滩上抱着一粒沙子的一只蚂蚁。一个皇帝是如此，一名士兵或地球上的其他任何人也是如此。

我们最好还是抬头看看那粒沙子之外的世界吧。

也许，我们不必是扮演渺小角色的大号演员，而是应该站到观众席上，享受周围的这场精彩表演。只要怀着停下步子细嗅蔷薇（或是漫游海滩观察贝壳）的豁达态度，一个旁观者就可以欣赏到许多风景，无论是在地球上还是在地球外。如果觉得这个星球上的丰富事件不够振奋人心，你还可以用望远镜观赏更加多样的戏剧。在未来十年，薇拉·C.鲁宾天文台的时空遗产调查计划将反复拍摄夜空中一半以上的面积，并传输500拍字节的宇宙环境图像。我梦想这个项目的成果之一是一项新的流媒体订阅服务，它将为我们广播整个宇宙。

当然，也不是每一个人都愿意做观众，也有人会渴望干出一番事业。奉献的道路有无数条（我始终主张最有前途的一条是科学），但选定一个与自己的好奇心和希望相称的目标会有所帮助。

+ ✦ +

思考其他文明的价值最终会让我们理解并完善自己，也会让我们明白奥陌陌赌局可能的结局。

如果我们赌的是人类已经在不久之前接触了外星技术，那我们就会从根本上改变自己寻找的目标和我们期待会在宇宙中找到什么。同样，我们还会改变那些自己渴望去做的事情，这些事情不仅会影响我们的星球，还能影响整个宇宙。如果在生活中相信宇宙间除我们之外还有或者曾经有过别的智慧生命，我们就会重新界定人类的一些使命。

我个人向来被一股渴望所驱动，那就是增加对宇宙的新认知，并由此改变我们对宇宙的看法，激起我们对太空的向往。通过天文学家这一旁观者的视角，我给自己的生命赋予了意义，激励我们的文明在宇宙的舞台上接受新的挑战。我们在地球上已经取得了许多工程方面的成就，如果将视野扩大，我们还能开发新的技术、提出新的问题、建立新的学科，并在一片更大的生境中审视自己的角色。

在所有的天文学数据中，发现外星生命将对我们广阔的世界观产生最大的冲击。我们有没有可能已经发现了它们？和许多深刻改变了我们看待周围世界和自身地位的方式的科学洞见一样，有没有可能阻止我们将眼光放得更远的，就只是我们不愿乐观接受奥陌陌赌局的心态？

和高等生物相遇的一个主要好处，是有机会向它们请教那个长久以来困扰我们的基本问题：生命的意义是什么？我希望自己活得足够长久，能亲耳聆听它们根据数千年积累的科学知识做出的回答。但是同时，我又担心人类追求这个答案的步伐会被自身的傲慢所阻滞。在过去，这份傲慢一再使我们紧握着手中的那粒沙子，而忘了抬头看看那片浩瀚的星空。

第十二章

CHAPTER TWELVE

播种

　　面对奥陌陌的赌局，如果我们决定赌这东西不单单是一块奇怪的岩石，而是外星智能的产物，那就会引出另一个问题：我们愿意为这场赌局下多大的注？

　　首先考虑一个人类可以下的最没有野心的赌注。我们可以干脆承认自己错失了一次机会——仔细考察人类发现的第一个星际旅行者，同时下定决心为未来做好充分的准备，以免再次错失。我们可以做几手准备，包括下一次有极异常的物体穿过太阳系时，设法拍下它的图像，甚至可以捕获那个物体本身。但这种准备需要我们提升各种能力，无论是智力上的还是技术上的，那样我们才能研究并理解自己的发现。就算是这个保守的赌注，其结果想来也是惊人的——发现另一个文明的技术或许能帮我们实现渴望了许久的目标。

　　天文考古学就是这样的准备工作，但是我们的努力不应止步于此。

　　如果我们认真对待奥陌陌的外星科技起源说，也就必须认真对待我们下一次和外星科技或外星生物相遇时可能面临的难题。一旦我们在宇宙中发现了外星生命存在的确切证据，想必就会引发一场是否要回应以及如何回应的国际辩论。我们应该如何准备这场辩论？对于 SETI 已经追寻了几十年的星际通信，或者对于地外智慧生命的其他证据，我们应该抱有怎样的期待，制订怎样的计划？

如果赌奥陌陌只是一块奇怪的石头，那么有一天当更多外星科技起源说的证据清楚地摆到我们面前时，我们就会手忙脚乱地制造各种所需的工具。第一件工具多半会是名为"天文语言学"的研究学科，以迎接挑战，寻找不同星系之间的通信手段。接着还要匆匆建立其他学科，比如"天文政治学""天文经济学""天文社会学""天文心理学"等。

而如果赌奥陌陌是外星科技，我们明天就可以着手建立这些学科。

关于奥陌陌的外星科技起源，我们还有一些野心较小的赌注可以下。例如，我们明确发现自己在宇宙中并不孤独之后，紧接着就会发现，地球上现有的国际法并未给我们提供一个深思熟虑的框架以应对和外星人的相遇。其实，对于奥陌陌的外星科技起源说，人类可以下的最保守的乐观赌注就是建立国际协议和监督机制，以规范我们寻找外星生命证据并与外星智慧生命沟通的努力，这项工作很可能需要联合国来统筹完成。只要地球上的各方同意签署，即便是一个不成熟的条约也能搭起一个框架，指导我们这个物种如何在与比我们先进数十亿年的成熟智慧物种相遇时恰当地应对。

人类为奥陌陌下的最有野心的赌注会是什么？那会是一件足以保证地球生命生存的东西。

一个更有野心的赌注是吸取经验——从一个在我们看来更加成熟的文明可能尝试过的道路中。在科学上跳跃一小步，接受奥陌陌是外星科技的可能，就等于是轻轻推了人类一把，使他们也能像先进文明一样思考。这个文明可能留下了一个光帆浮标，等待我们的太阳系和它撞上。

这轻轻的一推不仅能让我们想象外星飞船，还能让我们思索如何建造自己的飞船。

外星人的飞船上可能搭载了配备3D打印机和人工智能的机器人，可以根据从母星带去的蓝图，使用从别处开采的原料来制造人造物体。这个做法可以避免飞船全军覆没这一灾难，因为同样珍贵的物体还可以在别的地方被复制出来。到目标行星上用当地的原料3D打印生物有一定的优点，因为我们所知的一切包含DNA的自然生物系统都只有有限的生命。经过几百万年之后，即使是保存得再小心的生命基本构件也会解体。而在到达目的地之后能够建构生命的机器，其存在时间就长得多了。

或许我们也该采取同样的做法，甚至不必等到确切证明我们不是宇宙中唯一的智慧生命，也不是宇宙中智力最高的生物时。

我小时候很喜欢寻找蒲公英的种球，找到了就举到面前用尽全力吹它们。那些种子自然会飞得又远又广。两周之后，我就能看见幼苗破土而出。文明可以用类似的方法保护自己免遭灭绝吗？外星文明会不会已经试过了这个法子？这会不会也是在宇宙中保存生命的方法？

回想一下，奥陌陌稍稍偏离了仅由太阳引力决定的飞行路线。有什么别的东西推了它一把，我推测，那东西就是阳光在外星光帆上施加的压力。但即使外星生物在设计奥陌陌时真的为了这个目的做了优化，它也只是飞偏了一点点而已。原因在于，就算这艘光帆飞船从距太阳表面十倍太阳半径的距离就近启航，阳光的压力也只能把它加速到光速的千分之一。我们2018年为研究日冕而发射的机器人宇宙飞船"帕克太阳探测器"（Parker Solar Probe）就飞到了约十倍太阳半径的距离，它是我们迄今发射过的最接近太阳的飞船。要想将足够数量的地球生命种子射向宇宙，我们需要的推力比这大得多。那不太像我们这个太阳的辐射，更像一颗在超新星中爆发的恒星。

一颗爆发的恒星，其光度相当于十亿个太阳连续发光一个月。一张每平方米重量不到半克的光帆被这种爆发推动后，即使它与爆发恒星的距离是日地距离的一百倍，也能被加速到接近光速。这将使我们的蒲公英飞船飞到我们今天只能梦想的宇宙区域，由此大大增加生命种子可以安家的行星数量。

为了描绘如何有可能在现实中做到这一点，请想象一个位于海山二附近的文明。海山二是一颗大质量恒星，光度是太阳的500万倍。为了确保生命的延续，这个文明会在这颗恒星的周围安置大量光帆。它很机敏，会等待这颗恒星爆发，到那时就能以最小的成本将那些光帆发射出去，使它们几乎达到光速。

这样的一个文明，其耐心或奢侈必然达到了人类无法企及的高度，至少是现在的我们还达不到的。大质量恒星的寿命长达几百万年，它们的爆发时间很难预测，比如海山二的寿命就有几百万年。要以千年的精度预测它的死期，就相当于在一个人到达平均预期寿命之后，预测他具体会在哪一年死去。

这样一个文明还必须提早做规划，规划能力之强是人类从来不曾做到的。虽然它可以用廉价的化学火箭，在这个逐渐衰老的恒星爆发之前很久就将光帆运送到恒星周围的发射点，可依靠这样原始的推进技术完成这样一次运输可能需要几百万年。

但最大的障碍仍是远见和耐心。技术虽然难以实现，却并非不可企及。我们从对摄星计划的模拟中得知，光帆必须具有极强的反射性才不会因为吸收太多热量而被烧毁。我们还可以设想如何建造这些飞船，才

蟹状星云是一次超新星爆发的遗迹，地球在公元1054年观测到了这次约6000光年以外的爆发。这个遗迹包含一颗中子星，即蟹云脉冲星，离遗迹中心很近，每秒旋转30周，如一座灯塔般发出脉冲。这样一次爆发可以将光帆推送到宇宙最遥远的角落。

图片来源：ESO

能让它们不在超新星爆发之前就被明亮的星光推走。另外，为了避免这些飞船加速飞入布满恒星残骸的轨道，它们应该被设计得可以折叠成针形，这样就能将损坏和摩擦降到最低，同时也大大增加飞船的数量。

那将是一个文明最宏大的后备方案。这些为保存生命基本构件而造的小型光帆飞船，数量想必以万亿计，它们如休眠的种子一般，停泊在距离一颗走向衰老的大质量恒星很远的地方，等待一场命中注定的爆发。这样，就算将它们部署在那里的文明没有躲过大过滤器的淘汰，超新星的爆发也会将生命延续的可能散播到宇宙各处，就像一株蒲公英的种子。

当然，我们也不是非得耐心到那个地步。就技术而言，人类已经可以做到使用强大的激光把光帆送入星际空间，效果比阳光要好得多。这也正是突破摄星计划的核心提议：一束激光可以在每平方米的光帆上产生一百亿瓦特的能量，亮度是地球上接收的阳光的1000万倍，能把光帆飞船加速到光速的十分之几。

毫无疑问，这需要投入大量成本。可是当我们知道了自己并不孤单，知道了自己几乎肯定不是宇宙中存在过的最先进的文明，我们就会意识到自己已经浪费了太多资金研发能摧毁地球上一切生命的手段，超过了本可以用来保存生命的金额。面对奥陌陌的赌局，我们或许会得出一个结论，那就是人类的继续存在值得这笔花费。

+ ✦ +

眼下，我们还把所有的鸡蛋都放在一个篮子里，那个篮子就是地球。这样的结果就是人类和人类文明在大灾难面前极度脆弱。如果我们把遗传物质拷贝多份播撒到宇宙中去，就能对风险有所防范。

这一努力将如同印刷机的问世掀起的革命。当年约翰内斯·谷登堡（Johannes Gutenberg）用印刷机大规模印刷《圣经》，将它们传播到了整个欧洲。一旦出现大量拷贝，那些孤本也就失去了其作为珍贵实物的独特价值。

同样的道理，当我们学会如何在实验室里创造合成生命之后，就可以往别的行星发送"谷登堡DNA打印机"，让它们用当地的原料完成人类基因组的拷贝。在保存我们这个物种的遗传信息方面，没有哪个拷贝是必不可少的，相反，这些信息完全可以同时存储在不同的拷贝里。就在我写作本书时，我在哈佛以及其他地方的同行正在孜孜不倦地开展这方面的工作，努力将创造生命的成就由奇迹变为平凡。就像物理学从实验室的实验中获益良多，由此揭开支配宇宙的定律一样，这些科学家也正尝试在实验室中合成生命，并揭开生命创造的多条化学路径。比如由诺贝尔奖得主杰克·绍斯塔克（Jack Szostak）主持，并以他的名字命名的绍斯塔克实验室，就在制造一种合成细胞系统。这一系统基于达尔文在1859年勾勒出的各种机制，会演化，会自我复制，还会保存遗传信息。眼下，绍斯塔克和他的团队正在专心创造一个能够复制和变异的原始细胞，换句话说就是能够演化。他们希望这会使得基因组编码催化剂和结构型分子自发出现。

如果成功，这项成就将向我们展示生命能在何种条件之下出现，进而引导我们在天文搜索中发现最佳天体目标。它或许还能使我们更好地了解我们自身这种生命形式，并在这个过程中注入一剂我们急需的谦卑。

想想那些写满菜谱的烹饪书吧，相同的原料，根据混合和加热的时机与方式的不同，就能制作出不同的蛋糕，其中一些特别美味。同样的道理，我们没有理由认为在地球的随机环境中出现的生命已经达到了最佳状态。或许还有别的方法能做出更好的蛋糕。

人类有可能在实验室中创造出合成生命也引出了一些关乎人类起源的有趣问题。比如，我们真的只是地球上的生命演化的结果吗？还是我们也像那些大学实验室里研发的原始细胞一样，曾经得到过外部力量的助推？

+ ✦ +

1871年，在英国科学促进协会的一次会议上，成就斐然的物理学家兼数学家开尔文勋爵发表了讲话，提出生命可能是由陨石带到地球上的。

这个观点并非开尔文勋爵首创。古希腊人就曾思考过它，在开尔文勋爵发表讲话前几十年，其他欧洲科学家也对这种可能性做过详细的研究。这一想法虽然一度在19世纪引发了兴趣，但是开尔文于1871年在会议上发表讲话之后，它却沉寂了近一个世纪。

不过在最近二十年中，泛种论（panspermia）——生命可能借助陨石、彗星或星尘到达宜居行星的观点——受到了更严格的审视，因为科学研究证实了一个假说，即地球上发现的一些陨石来自火星。

当我们开始寻找这些火星陨石，一下子就发现了许多。我们知道，1984年发现于南极洲的火星陨石ALH84001被从火星表面发射之后，温度就再也没有超过40 ℃。到今天，人们已经发现了100多个像这样的火星降落者。假如那个红色行星上存在过生命，那它们显然是有机会到达地球并活下来的。

更令人好奇的是，科学界一致认为，地球在大约40亿年之前还是无法居住的，但我们又有证据表明生命早在约38亿年前就出现了。科学家想知道，单凭达尔文式的进化，地球怎么可能在这么短的时间里就创造出基于DNA的生命？我们从对地球生物的研究中得知，生命是自利的。提高生命生存能力的选择性适应和自发性适应是达尔文生物学的基石。生命的目的是生存，而生存需要繁衍后代。生命利用向外传播来延续并确保生存这一说法的可信度有多高呢？

2018年，我和两个博士后研究员伊丹·金斯伯格（Idan Ginsburg）及马纳斯维·林加姆共同发表了一篇论文，题目是《银河泛种论》（"Galactic Panspermia"）。我们在文中提出了一个分析模型，用以估算共有多少岩石天体或冰冻天体可以被银河系中的行星系统捕获并在该行星上播种生命，如果这些天体本身就存在生命的话。

我们首先考虑了自己会不会是火星人的问题。要让地球上的生命源于火星，那颗红色星球就必须受到一颗小行星或彗星的猛烈撞击，撞击力度必须使火星碎片飞入行星之间的太空，这些碎片还必须找到来地球的路。关键的是，这些碎片上的生命要能活过行星之间的那段航程，并且不能在发射和降落环节死去。

火星在其数十亿年的寿命中，确实曾无数次被体积比一个人大的太空碎片击中。其中有多次撞击都产生了高温和巨大的冲击压力，足以将攀附在岩石上的任何生命基本构件杀死。但是也有一些像ALH84001火星陨石这样的发射物，温度还不到水的沸点，可以让一些微生物继续存活。因此，如果火星上真的有生物存在的话，它们还是有可能在那些被较为轻柔的撞击甩入太空的岩石上生存的。科学家估计，火星曾射出过数十亿个这样的碎片，每一片的温度都低到可以让生物存活。

但是，就算那些微生物被火星射出后没有死去，它们又有多大的可能在旅途中幸存呢？科学家一直在就这一点展开激烈的辩论，特别是关于紫外辐射对细菌有多么致命这一问题。眼下，能忍耐极端紫外辐射和电离的抗辐射细菌已被发现，这些菌株是可以活过这样一段旅途的。（其实地球上的一些细菌也表现出了对紫外线和辐射的这种极端忍耐力，它们很可能就来自火星。）另外，如果我们认为细菌在飞行中可以躲进陨石或者彗星内部，从而避开紫外辐射，那假设的可以幸存的细菌种类就更多了；这样的岩石盾牌也不必太厚，几厘米就够了。现有的研究已经证明，枯草芽孢杆菌（*Bacillus subtilis*）的孢子可以在太空中存活六年之久，别的细菌或许可以活得更久，长达数百万年。科学家还假设了一群能在自己周围形成一层生物膜的细菌，这层生物膜大大增加细菌对有害辐射的防御。

在另一篇论文中，我和我的本科生阿米尔·西拉杰（Amir Siraj）算出，有些飘浮在地球大气中的细菌或许曾被掠过地球的天体带走，这些天体最近时距海平面仅50公里，在和我们擦身而过之后飞出了太阳系。像这样一个飞往星际空间的物体，可以被看作一把掠过卡布奇诺顶部泡沫的勺子，只是这个物体离开的时候还会带上些许地球的生命。我们发现，在地球的有生之年，曾经有数十亿把这样的"勺子"搅动过地球大气。

那些细菌能在飞行途中幸存吗？我们都知道，战斗机飞行员很少能在超过10 g的加速度下存活，这里的g指的是把我们困在地球上的重力加速度。而掠过地球的物体在带走微生物时，其加速度会达到数百万g。那些生物能活过这样的震荡吗？或许能。研究发现，枯草芽孢杆菌、秀丽隐杆线虫（*Caenorhabditis elegans*）、耐辐射奇球菌（*Deinococcus radiodurans*）、大肠杆菌（*Escherichia coli*）和脱氮副球菌（*Paracoccus denitrificans*）都能在只比上述数字小一个数量级的加速度中活下来。看来，这些迷你宇航员远比最优秀的人类飞行员更适合太空飞行。只要岩石深处没有过热，就像火星岩石ALH84001那样，这些细菌就可以承受与地球表面的撞击。

这些数据告诉我们，不要否定人类来自火星的可能。但我们会不会来自更遥远的地方？不管是不是中途在火星稍做停留，有没有可能地球生命的真正源头是其他恒星或者其他星系？答案是有可能。在对泛种论的可行性进行一番严谨分析之后，我和几名同事确定了存在一个参数空间，允许银河系中布满存在生命的天体。既然速度较慢的物体较易被行星的引力捕获，而且有事实证明一些细菌可以生存几百万年，那么我们估计一个存在生命的天体击中一颗行星的概率应该还是相当大的。通过假设银河系银心部分的引力散射事件，我们预测了岩石物质会以极快的速度被弹射出来，银心由此在整个银河系中播种。

这些种子倒不必局限于细菌。某些能进行达尔文式进化的病毒也已经被证明了具有强大的耐受力，甚至更加复杂的生命都有可能完成这趟旅程。比如人们在北极的永久冻土里发现的两条蛔虫仍然可以复活，据估算它们已经在低温生存（新陈代谢停止）的状态下度过了三四万年。如果像这样的生物能够活过星际旅行时可能遇到的各种生存条件和时间跨度，谁又能说自己肯定不是火星生物的后代呢？

从这方面看，如果在奥陌陌的赌局中下对了赌注，我们就能马上收获红利。只要赌我们已经发现了地外智慧生命存在的证据，我们提出的问题、从事的项目就会立即改变。在上文中，为了提高泛种传播自然发生的概率，我们做出了各种勉强的科学假设，但如果我们愿意考虑定向泛种论（directed panspermia），事情就变得简单了。如何确保生命可以安全地从一个行星上被发射出去？自己来发射就行了。如何确保生命在不同的行星或星系间飞行时，受到充分的保护，免受太空的危害？专门造一枚火箭就行了。如何确保在星系之间极度漫长的飞行中，生命可以得到哺育和保存以继续存活？再专门造一枚火箭吧。

✦ ✦ ✦

有许多事情都取决于我们如何对待奥陌陌的赌局。最安全的赌注是只把它当作一块古怪的石头，并坚持我们熟悉的思维定式。但是当赌局如此重大时，打安全牌是走不远的。

如果我们敢赌奥陌陌是一件先进的外星科技产品，结果只会有益无害。乐观下注可能会督促我们有条不紊地在宇宙中寻找生命的迹象，也可能会鼓励我们开展更有抱负的技术项目，无论如何，它都会对我们的文明产生变革性的影响。如果人类可以为一幅百万年计的图景思考、计划和建造，那我们或许就能乘着爆发恒星发出的光离开，从而确保宇宙中的生命可以安然解决时间和空间的巨大挑战。当我从这个角度思考熟悉的光帆技术时，我觉得一张在阳光中翻滚的光帆仿佛蒲公英种子的翅膀，正乘风去给未经开垦的土地施肥。

这就又要说回那些在实验室里培养出的生物了。如果我们用较为谨慎的态度对待奥陌陌的赌局，就会仅仅因为这一杰出成就对生物医学研究的意义而庆祝一番。但如果我们对奥陌陌的赌局抱有更大的期许，那么这些在实验室里创造出的合成生命就可能成为地球生物逃过大过滤器的一条出路。就算在太阳无可避免地死亡之后，生命也依然能够延续。

毫无疑问，如果我们的文明拥有充足的勇气和充分的时间，我们最终会向太空移民，走向宇宙中那些和我们现在的星球并无本质不同的新家园。在这个过程中，我们肯定会循着那些先驱者的足迹前进。就像古代文明都会向着地球上的大河沿岸迁徙，拥有先进技术的文明也多半会在全宇宙迁移，寻找那些资源丰富的环境：它们或者是几颗宜居行星，又或者是几簇星系。

但如果在规划和准备的同时不够机敏，没有保护自己母星的觉悟，那么任何文明都不可能实现向群星迁徙的飞跃，我们的文明也不例外。不仅如此，如果还有那么多人坚持地球生命的独特性，像那只蚂蚁似的紧紧抱着那粒沙子不放，那么人类同样也不太可能取得这项成就。

第十三章

CHAPTER THIRTEEN

奇点

奥陌陌是一部外星技术设备。

以上是一个假说，不是对事实的陈述。就像一切科学假说一样，它也有待数据的验证。并且像科学研究中常常遇到的情况一样，我们掌握的数据还不是决定性的，但已经相当充分。

除了已经收集的资料，我们还能不能再取得关于奥陌陌或相似天体的其他数据？

我们上一次见到奥陌陌时，它正以极快的速度离我们而去，比我们最快的火箭还快很多倍。当然，我们也可以开发出比火箭更快的航天技术，比如光帆。我们还可以在下一个类似奥陌陌的天体飞近地球时，发射传统的火箭去迎接它。

如果我们发射的宇宙飞船真能飞到这样一个天体近旁，或许就能拍下它表面的照片了。到时候我们会找到什么证据？基本上不外是对现有知识的完善。精确的成像将产生更多关于其大小、形状、构成和光度的数据，甚至可能告诉我们它是否携带了其创造者的明显标记，就像美国国家航空航天局总会给它的火箭刷上美国国旗一样。无论是什么证据，我都会欣然接受。

✦ ✦ ✦

除非可以获得关于类奥陌陌物体的其他证据，否则我们就只能靠已有的数据进行研究。而我们已有的数据可以用一句反复出现的话来总结：可它就是飞偏了呀。

奥陌陌是人类在2017年10月19日发现的一个小型星际物体，它的亮度极高，翻着奇怪的跟头，外观很可能是碟形，而且在没有可见喷气的情况下，偏离了单由太阳引力决定的飞行路线。它的一切属性，包括它在时空中的起源符合本地静止标准这一点，都使它在统计上成为一个显著的异常者。如果它是在随机轨道上运行的物体中的一分子，发射它就需要更多的固态物质，远远超过了其他恒星周围的行星系统所能提供的质量。而如果奥陌陌的外形极薄，或它的轨道并非随机，问题就没有那么棘手了。

科学界的绝大多数人认为，奥陌陌是一个自然形成的物体，是一颗特殊甚至奇怪的彗星，但是它再怎么奇怪，也只是恒星间的一块岩石。可它就是飞偏了呀。

是的，我们可以假设种种能够解释奥陌陌每一个奇异特征的自然现象。在统计学上，奥陌陌确实有可能是一块独特的岩石，这个概率大约是万亿分之一。但如果是那样，从恒星周围的行星系统射出大量物质以构成随机数量的奥陌陌状物体就会成为更大的难题，因为我们需要多得多的物质来构成2I/鲍里索夫这样的普通星际物体。

此外，同样的数据还指向了另外一个假说：奥陌陌是外星技术的产物，只是目前它可能已经失灵或被抛弃了。数据中还包含了一个事实，几乎所有就这个话题发表文章的人都没有重视这个事实，即只要短短几年工夫，人类也能造出一艘宇宙飞船，可以呈现奥陌陌的所有特征。换句话说，在具有奥陌陌所有已知特征的物体到对这些特征的解释之间，存在着一条最简单也最直接的线路，那就是奥陌陌是一种造物。

科学界的大多数成员之所以无法安心地接受这一假说，是因为我们自己还没有造出这么一个东西来。接受了它可能由另外一个文明制造，就等于接受了我们的太阳系可能刚刚掠过了人类历史上最深刻的发现之一——我们并非宇宙中唯一的智慧生命。那将迫使我们采取新的思维方式。

+✦+

要接受我对奥陌陌提出的假说，首要的品质就是谦卑，因为这需要我们承认自己或许特别，却极有可能绝非独一无二。

我说的特别，其实也不是真的特别。诗歌里老是写到我们是由星星构成的，但抛开诗意，我们也可以说星星是由构成我们的物质构成的。这个道理还适用于全宇宙，因为宇宙中的一切都来自大爆炸后产生的那锅含有物质和辐射的浓汤。不过我还是会在新生研讨课上对学生说，虽然我们都由同样普通的物质构成，但那并不会阻止我们成为特别的人。比构成我们的物质更重要的一点是，这些物质在千百万年的组合中变成了构成生命的物质。和我们迄今在宇宙中发现的其他东西不同，只有我们才具有这么高的组织程度。

"特别"和"独一无二"之间有着重要的区别。回想一下尼古拉·哥白尼，这位16世纪的天文学家首先提出了行星围绕太阳运转，并凭借这一观点对我们的宇宙观做出了可谓独一无二的贡献。1543年去世前不久，他在出版的著作中陈述了这个观点，多数人都选择了忽视，除了一小部分天文学家，他们大多是哥白尼的朋友。但在今天，我们将日心说的源头追溯到哥白尼，还用他的名字来称呼那条原理——地球和人类都不在宇宙中占据特殊的位置，宇宙中也根本不存在什么独一无二或特殊的位置。人类生存的此地和任何别的地方并无不同。今天，我们还可以给哥白尼原理加上一条讽刺性的附注：就算一个物种和一个文明领悟了宇宙的这一基本事实，那也没有什么特别的，因为宇宙各处的其他文明可能都已经领悟了这个事实。

如果我们不仅思考这一观点，还接受了它，我们的面前就会出现许多奇妙的可能。

当我和马蒂亚斯·萨尔达里亚加认识到人类文明在米波射电频谱上制造了大量噪声时，我们认为合理的推论是另一个文明或许也在同样的频段上制造噪声，因而建议为此寻找证据。当我和埃德·特纳了解到将哈勃空间望远镜放到太阳系的边缘能够望见东京时，我们认为合理的做法是寻找其他文明的城市或宇宙飞船发出的类似微光。同样，当我和我的博士后研究员詹姆斯·吉约雄意识到人类可以发射光帆驱动的飞船时，我们知道合理的想法是另一个文明也能意识到同样的事，因此我们便建议在宇宙中寻找源于这类发射的辐射束。

以此类推，我们还可以合理地想象另一个文明在发射光帆飞船之前，会先启动一个大致相当于摄星计划的项目——我们就是用这个项目设计了我们自己的光帆（但尚未实际建造）。

我喜欢想象自己现在已经知道外星生命是如何一步一步达到那个目

标的。

　　我想象它们中的和平主义者会担忧，一艘由1000亿瓦特的激光推动的宇宙飞船以光速的几分之一冲向一个外星文明时，很可能会被对方认作一种威胁或一则宣战声明。对于这个担忧，它们的"摄星计划"的顾问委员会主席可能会像我一样回答：这样的风险微乎其微。我当时说的是，首先，我们并不知道外星生命是否存在，更不用说对它们的本质有什么了解，能判断它们智慧与否。即使真有外星生命，我们这艘只有几克的飞船也不太可能进入它们的视线，而且这艘飞船携带的能量只相当于一颗普通的小行星，很容易被认作一颗小行星。更何况，要操纵我们的小飞船撞上几光年外的一颗行星是完全不切实际的。这需要达到十亿分之一弧度的角度精度，而在数十年的漫长飞行之中，我们不可能对飞船和目标行星的相对位置了解到这种精确程度。不，我们的飞船不会瞄准一颗行星，而会瞄准比行星大几千倍的一片轨道区域，因此不慎撞上行星的概率只有不到百万分之一。

　　我可以想象它们的工程师会质疑这个项目的可行性：要是飞船和星际尘粒或原子相撞后受到损坏怎么办？它们的顾问委员会成员也很可能会像我一样点点头，指出一层只有几毫米厚的涂层就足以保护飞船和它的相机了。它们当中比较乐观的工程师或许会哀叹飞船没有减速装置，顾问们则会礼貌地指出，飞船自身的构造限制了它的速度。考虑到飞行的距离、飞船必须具备的最小重量和它必须达到的速度，能够在飞临目标时拍摄照片已经是一个足够远大的抱负。"远大的抱负"这五个字是很好的总结。也许那些照片会让我们知道目标行星上有没有植被，有没有海洋，甚至有没有文明的标志，所有这些我们都希望能够近距离地观察，而不是通过功能最强大的望远镜隔空遥望。

我敢打赌，当那些科学家为这个项目陈述理由时，也会遭到财政保守人士的反对，那些人会质疑这个项目是否值得花那么多钱。我还想象，筹划这个项目的委员会像我们的摄星计划委员会那样，指出这一项目的规模经济其实相当惊人。对于摄星计划，我当时是这么说的：没错，制造激光器是很昂贵；没错，把光帆飞船发射到行星的大气层也很费钱，但建造飞船相当便宜，每部星之芯片的成本不过几百美元。这意味着一旦投入了高昂的成本，每隔几天就发射一部是完全合理的，以瞄准数百甚至数千个目标。

接下来，我还希望那些遥远同行中的乐观主义者会指出，虽然那个项目有着种种局限和风险，但是光帆飞船的发射将代表下一次的巨大跃进。那些外星科学家掌握着科学知识，并怀有与之相伴的谦卑，和我们一样，它们已经对着群星仰望了太久，想到自己的行星甚至是自己所处的太阳系如此渺小，宇宙又是如此浩瀚，它们就会心生敬畏，并且祝福这个项目。它们将断定，那些光帆是接下来飞向恒星最佳的可行步骤。它们或许还会像我们一样，畅想在未来的某一天，它们的那艘速度飞快、形状奇异的光帆飞船会被其他文明发现，并被看作一则声明和一份邀请："欢迎来到星际俱乐部。"

承认人类的彻底平凡需要想象和谦卑，而我认为这两样正是我们逃脱大过滤器不可或缺的品质。还有一种品质同样重要，那就是我们愿意接受对奥陌陌的特征做出的最简单的解释——它们体现了人为的设计，而非意外的组合。

在本书开头，我提到了奥卡姆剃刀，也就是最简单的方案很可能是正确的。无论面对的是奥陌陌还是其他任何现象，我们都最好拾起那把剃刀。但我发现，要用它剃一个傲慢的下巴是很难的。

唉，简单并不总是受青睐。

"我们是不是应该把理论模型弄得更复杂些，这样我们对数据的解释不会显得太过微不足道？"这是我的几个博士后研究员在一次开会时向我提出的问题，当时他们正在描述各自的项目，其中几个就快完成了。听到这个问题我先是吃了一惊，但当他们开始陈述理由时，我冷静了下来。

简单性的优点理应是显而易见的，对天文学家尤其如此。毕竟当年哥白尼对太阳系做出的日心说解释，力量就来自其简单性。他参与推翻的主流理论是希腊天文学家托勒密的地心说，随着证据的增加，地心说需要越来越多令人痛苦的勉强解释。托勒密的失败和哥白尼的成功是天文学前辈最喜欢给新人举的例子之一。几个世纪以来，天文学教师一直在向学生解释，他们的任务就是为数据找到最简单的解释，并避免希腊博学家亚里士多德式的傲慢。亚里士多德虽然才华出众，却因为追求完美的宇宙，不惜违背证据宣布行星和恒星只能在正圆的轨道上运行。曾经在许多个世纪里，他的错误都被当成无可争议的事实。

类似的情况还出现在20世纪的最后几十年，当时的天体物理学家对早期宇宙的一个模型产生了怀疑，那个模型的特点就是参数很少，一言以蔽之就是简单。那时候相关数据不多，大多数天体物理学家都认定那个模型过于天真。但是到了21世纪初，人们收集到了越加充分的数据，证明宇宙的确是从最简单的那种可能的初始状态中产生出来的。这些数据显示，早期宇宙几乎是均质（哪里都一样）和各向同性（任何方向都相同）的，我们今天发现的复杂结构都可以用一种不稳定的引力增长来解释，这种引力增长来自因与那些理想条件不符所产生的微小而原始的偏差。眼下，那个简单的模型是现代宇宙学的基础。

有了上面这些教训，我们似乎很难理解在21世纪初，一群哈佛大学的博士后研究员居然说出自己的疑惑，不知道是否要为自己的研究增加复杂性。但是公允地说，他们也有苦衷。

在如今竞争激烈的就业市场上，最要紧的一点好像就是给自己的上级留下好印象。于是有些资历较浅的学者觉得有必要提出冗长的衍生理论，这些理论的特点是如数学般复杂难懂。就像一名博士后对我说的那样："就如何选择未来事业而言，我正面临一个决定性的两难处境：要么加入历时长而复杂的项目，要么写出短而深刻的文章。"

许多时候，资深学者也希望把自己的研究包装得细致微妙，使外人摸不着门道。他们已经意识到复杂会被推崇为精英的标志，许多人也真的从中得到了好处。

在我的研究和指导中，我总会设法向年轻的同事提供一个反例。我告诉我的博士后们，短小易懂的真知灼见往往会刺激学科的发展，号召科学界开展后续研究。我敦促他们像我一样，相信简单而内涵丰富的研究会改善他们的职业前景。我还告诉他们，要想清晰地解释自己的研究，就必须只描述自己懂的东西，并承认自己不懂的东西。但是他们每一个人都这样回答我：这对您当然容易喽，您可是哈佛天文学系的主任。

这真的是一个两难的困境，我很担心它会对21世纪的科学产生的影响，这影响不会只发生在科学界内部。在学术圈，奖励为复杂而复杂的做法会使人才和资源都流向某些特定的方向，而使其他方向遭受冷落。

它还会促使学者封闭于一个自命精英的小圈子，进而忽略公众的利益，而他们的研究基本都是公众花钱资助的。

这是一个严肃的问题，其后果远远超越了学术界。要理解何以至此，我们来看看今天天体物理学家面对的最大的谜题之一：黑洞的科学研究。

+ ✦ +

就在我们于2016年4月宣布摄星计划之后几周，我又启动了哈佛的黑洞计划（Black Hole Initiative，BHI），这是世界上第一个对黑洞做跨学科研究的中心。这两个事件相隔很近，斯蒂芬·霍金刚刚和我、尤里·米尔纳及弗里曼·戴森在纽约市露了面，就又赶到马萨诸塞州剑桥市来跟我和同事们一起宣布了黑洞计划的研究目标。

有霍金的参与是一件幸事，还有一个原因使黑洞计划的启动成为一件幸事：一百年前，德国天文学家、物理学家卡尔·史瓦西（Karl Schwarzschild）解开了爱因斯坦的广义相对论方程，他当时就在这个解里描述了黑洞，而几十年后人们才找到黑洞存在的天文学证据。现在一百年过去了，天文学家仍然没有拍到黑洞的照片[①]。

黑洞计划的启动在许多方面都是值得纪念的。首先，这个历史性项目的启动实现了我梦寐以求的职业目标。自此我又多了一个火柴盒可以收集有希望的火柴了。其次，黑洞计划代表了我向来提倡的跨学科式研究方法，把天文学家、数学家、物理学家和哲学家都召集到了同一片屋

———————

① 2019年4月10日，全球多地天文学家同步公布首张黑洞照片。

檐之下。

除此以外也有更简单的快乐。在启动仪式上有一名摄影师，他拍摄了一张照片：我的小女儿洛特姆和霍金以及我的同事们一同站在台上。这并不是预先计划好的，但是事后回想，我又觉得她的出现不可或缺。科学进步是跨时代的事业，人类进步的益处也会在数百年中逐渐累积。想想现在遍布世界的数千架望远镜，以及少数几架绕地球轨道运行的，它们全都是当年伽利略用于观测同一片星空的那架望远镜的直系后代。

晚些时候，我和妻子及女儿在家里办了个逾越节晚宴，招待霍金和几名同事。这些科学家在向世界宣布启动黑洞计划的那几天里发表了好几场演说，但是在我看来，其中最有意义的还是霍金在我家时说的那场只有几分钟的简短演说。面对我家起居室里的一小群听众，他再次将我们的注意引向了摄星计划和广袤的宇宙。"这真是一趟忙碌的旅行。"他说。

> 上周在纽约，我和阿维宣布了一个新的计划，它关系到我们在星际空间的未来。我们将尝试用突破摄星计划建造一艘宇宙飞船，其速度可达到光速的20%。照这种速度，我从伦敦出发，不到1/4秒（实际时间要长一些，如果算进肯尼迪国际机场海关手续的话）就能飞到纽约了。突破摄星计划开发的技术，包括光束、光帆和有史以来最轻的宇宙飞船，在发射20年后就可以飞到半人马座阿尔法星。一直以来，我们都只能从远处观察那些恒星。现在我们终于可以接近它们了。

霍金的这些话我始终牢记在心，尤其是因为这将是他最后一次访问美国。他当时告诉我们这一小群听众："我希望能很快回来支援新成立的黑洞研究所。"然而不到两年他就去世了，没来得及见证项目的成功或他梦想中的星际探索。

大约也是在这个时候，还有一番评论我牢记在心，但原因就不那么愉快了。在黑洞计划的第一次会议上，一位哲学家在讲话结束时这样总结："和几位杰出的理论物理学家进行对话让我觉得，如果物理学界在长达十年的时间里都对同一个研究项目看法一致，那它就一定是正确的。"我的怀疑精神立刻在脑海中唤起了一个词，准确地说是一个名字——伽利略。

据说伽利略曾在观察他的望远镜后宣称："在科学领域，一千个人的权威还比不上一个人谦卑的推理。"几百年后，爱因斯坦也说出了同样的想法。当时1931年出版的《反对爱因斯坦的100位科学家》一书中有28名学者撰文宣称广义相对论是错误的。据说爱因斯坦是这样答复的：如果我错了，那么只要有一个人用确切的证据推翻我的理论就足够了。

黑洞计划的一个指导思想是珍视那些相互冲突的深刻见解，它们是许多不同的个体从不同角度看问题时通过推理产生的。每个参与者的兴趣都略微不同，这是我们这个计划的优势。天文学家希望能拍到黑洞的首张照片，物理学家专注于解决黑洞如何影响物理定律这一明显的悖论，数学家和哲学家则致力于了解黑洞中心那个奇点的性质和稳定性。（哲学家更是这支团队中不可缺少的成员，因为一个诚实的哲学家能够预先拉响警报，提醒我们是否违背了学术上的诚实品格。）

如果说黑洞计划的各学科之间有什么共同点的话，那就是人人都在兴奋地收集数据，以求更好地探索黑洞的异常性质和不解之谜。具体有哪些谜题，下面是一份简短的清单。

黑洞的一个重要异常是科学家所谓的"信息悖论"：量子力学认为信息会被永远保存下来，但黑洞却能吸收信息并将其蒸发为纯粹的热黑体（不含信息）辐射——霍金指出的一个现象。这表明物理定律会在黑洞边缘失效，还是发生了什么其他事情？

另一个重要异常是黑洞似乎会使物质"消失"。被吸进黑洞的物质到哪儿去了？它们是被并入了黑洞中心的一个致密物体，还是从我们这个宇宙消失又出现在另一个宇宙，就像水流入一座远方的水库？

但更常见的问题是，黑洞能否引出一些洞见，指导我们将广义相对论和量子力学统一起来？爱因斯坦曾在临终时勾勒过关于这个统一理论的最后想法，但他最终没能解决这个巨大的难题。霍金也在晚年思考了能否用黑洞的特性来解决难题。虽然这两位的高超智慧都不足以给出答案，但许多天体物理学家和宇宙学家还是继承了他们的研究。

最后，在黑洞计划建立时，有一个问题困扰着天文学家，比起黑洞的异常性质，这个问题更多关于证据中的一个明显缺口：虽然我们已经有了几十年的数据可以证明黑洞的存在和特性，但我们却始终没有拍到黑洞的一张照片。

这一点在2019年发生了改变。改变是怎么来的？黑洞的第一张照片是如何被拍到的？人类又是如何在对这个宇宙之谜的持续探索中获得这条关键证据的？这些问题的答案极好地阐明了一个道理：只要在寻找证据的时候从容审慎、彼此合作，人类就可以成就之前无法成就的事业。对于我们这些认为奥陌陌还没有定论的人，这些希望可以充分刺激人类去为那些抱负更大的项目投下赌注的人，这个惊人成就的故事也是一个提醒。它提醒我们当人类团结一致，就能取得无法想象的成就——在其他条件下不可能实现的研究、发现和技术创新。比如，造一架地球那么大的望远镜。

＋ ✦ ＋

2009年，我和之前指导过的博士后研究员埃弗里·布罗德里克（Avery Broderick）在《科学美国人》杂志上合写了一篇文章，把拍摄黑洞这个难题称作"射杀野兽"。拍摄的首个困难是距离。人马座A*是距离地球最近的超大质量黑洞，但就连它也远在26,000光年之外。我们还首次建议了另一个目标，就是后来真的被拍下照片的M87星系，并专门写了一篇论文发表在那年的《天体物理学杂志》上。M87星系距离地球有5500万光年之遥，个头却比人马座A*大得多。不过大虽大，从那么远的距离拍照，就相当于拍下月球表面的一个橘子。

因此我们需要一架超大望远镜。更准确地说，我们需要一台地球大小的干涉仪，它由地表各处的射电碟形天线连接而成。做到这一点需要世界各地的许多站点开展合作，进行观测，这一观测工作由我黑洞计划的合作者谢普·德尔曼（Shep Doeleman）领导。其成果被称为"事件视界望远镜"（Event Horizon Telescope，EHT）。

根据定义，天体物理学黑洞不会自行发出光线。恰恰相反，它们会吸收光线，也吸收其他任何东西。但是缭绕在黑洞周围的物质，尤其是气体，却会在黑洞的引力作用下发热发光。这些光有一部分会逃脱引力的控制，还有一部分会被黑洞吸收。结果就会形成一个剪影，它的四面围绕着一个光圈，勾勒出黑洞周围的区域，在这个区域内光是无法逃逸的。这就是黑洞的一个决定性特征：它的事件视界，或者说物质只能在上面单向流动的球形边界。这也是一座永恒的监狱——你可以进去，但绝对出不来。天体物理学黑洞就隐藏在事件视界后面。就像我们说"发生在拉斯维加斯的就让它留在拉斯维加斯"，发生在视界后面的也都留在视界后面。没有信息可以泄露出来。

事件视界望远镜要做的就是直接观察一个黑洞并拍下它的剪影。这个任务已经酝酿了多年。黑洞计划协助加工拍到的数据，并用它们绘出图像，在2019年4月的那几周里，这些图像走出学术殿堂，传到了世界各地。这个全球范围的项目需要一架全球范围的望远镜，它最后生成的照片也激发了全人类的想象。十年之前，我和布罗德里克曾大致描述了我们认为的M87巨星系中的那个黑洞会是什么样子，现在看到一个接近我们描述的黑洞以真实的图像登上各大报纸和杂志的头版，我们感到格外欣慰。

这次成功和我在 SETI 项目上的研究有着清楚的联系。黑洞计划的一个明确目标是不仅要在各学术领域中引起兴趣，还要激发一般大众的兴趣。我们希望（应该说是需要）激发公众的想象力。我们需要有人阅读我们的侦探故事，需要有人充分理解我们为使理论严格符合数据所做出的努力，这样所有人才能为科学的胜利而庆贺。也只有这样，我们才能培养出足够多聪明而有抱负的头脑，以应对现在和将来遇到的各种挑战。

还有就是，科学家欠公众的——确实如此。我们的研究经费是公众给的。在很大程度上，大多数的科学进步都可以追溯到由公共税收支付的政府拨款。因此，每个直接或间接从中获益的科学家（也就是差不多所有科学家）都有责任向公众做出解释：不仅解释研究本身，还要解释研究中用到的方法。对于那些引起大众共鸣的课题，我们有义务汇报自己最激动人心的发现和猜想，像是人类在宇宙中的起源、黑洞和对外星生命的寻找。

科学不是精英在与世隔绝的象牙塔中从事的一项事业，而是使所有人受益并得到激励的一个领域，无论其学术背景如何。我认为，从天体物理学家的角度来看尤其如此。宇宙呈现给我们的问题使人敬畏和兴奋，也令人谦卑。我们的工作就是紧盯着那些在我们出现之前很久就已发生的事件，以及那些在我们消失之后很久还将存在的天体。和这些研究对象相比，我们拥有的时间太过短暂，应该珍惜这宝贵的短暂时光研究宇宙，努力解开它的秘密和悖论。

✦ ✦ ✦

我将我的信仰和希望都寄托给了科学。在我这一生中，乐观总能立刻给我带来回报。事实上，正是这种以无换有的经历，这种简单谦卑的科学侦探工作带来的丰厚回报，使我产生了总结全书的一个想法。

我曾和哈佛大学黑洞计划的博士后保罗·切斯勒（Paul Chesler）一起提出了一个理论，以描述物质接近黑洞奇点时的命运。我们决定用一个简单的理论模型来解决这个问题，这个模型将量子力学和引力结合了起来。在考察这个模型的数学含义时，我们意识到它还适用于时间逆转的问题，也就是物质膨胀而非收缩的情况。这意味着我们不必冒险进入黑洞内部，毕竟在那里我们很可能被引力潮撕成碎片，肯定也无法到脸书上发帖；但我们可以毫无风险地观察不断膨胀的宇宙。具体来说，我们可以抬头观看周围所有那些来自时间中初始奇点——大爆炸的物质。我们意识到，用来描述黑洞奇点的那些公式，也可以用来理解宇宙是如何加速膨胀的。

就像《圣经》故事里，扫罗在寻找父亲丢失的驴子时偶然找到了他的王国，我和保罗也在追求一个完全不同的目标时偶然获得了一个意外的洞见。我们本是为了更好地理解黑洞，结果却发现了一种可以解释宇宙加速膨胀的机制。

我们的理论模型尚未完成，还需要大量修正。即便这个模型通过了理论的考验，它也还得做出新的预测，并经受住未来数据的"砍杀"。这项研究的部分或全部也许会在其他理论或其他科学困境中派上用场。而在奥陌陌来访之后，它又在我心头产生了另一个挥之不去的想法。那也是我从我们的这位星际访客身上学到的一课。

就像我说过的那样，和另外一个文明的相遇或许会使人变得谦卑。特别是想到我们可以从一个先进文明那里学到东西，我们甚至应该希望自己变得谦卑。这样一个文明无疑会知道许多问题的答案，这些问题我们还未想通，可能也从未想过。但是，为了在智力上取信于对方，我们最好在对话开始就奉上自己的科学智慧，说说我们对宇宙如何诞生的理解。

尾 声

许多科学家主张，只有在集体侦查工作得出了近乎一致的结论之后，才能向公众分享信息。我的这些同行认为，他们必须谨慎发言才能保持自己的良好形象，不然公众就会对科学家和科研进程产生怀疑。是的，即使科学家之间达成了近乎一致的意见，外界还是会有怀疑的声音。他们常常举的一个例子是仍有一小部分公众在质疑气候变化。他们担心卷入那些可能影响科学地位的争议风险太高。

我却有不同的观点。我认为要想取信于大众，就得向他们展示科学探索是一个比他们许多人认为的更普通、更常见的过程。有太多时候，我的同行们采取的做法都助长了科学是一项精英事业的通俗看法，并且在科学家和大众之间制造了一种疏离感。但实际上，科学并不是一项象牙塔里的事业，不是用人们遥不可及的方法，得出一些只能由智者传播的颠扑不破的真理。科学方法其实更接近常识性的问题解决方法，比如一个管道工在修理一根漏水的管道时用到的那些。

是的，我认为研究者和大众都应该把科研看作和大量其他职业并无太大不同的活动。我们面对令人困惑的数据，正像一个管道工面对一根被堵的管道。我们运用自己的知识、经验和同行的智慧来提出假说，再用证据来验证假说。

科学研究的成果并不由科学从业者说了算，因为现实是由自然决定的。科学家做的只是尽量收集证据，证据不足时就提出不同的解释相互辩论，以理解现实。这使我想到了米开朗琪罗，当有人问他是如何用一块大理石雕出如此美丽的人像时，他答道："其实在我动工之前，大理石中就已经有了一尊完整的人像。它早已存在，我要做的不过是凿去多余的材料罢了。"同样，科研过程也跟收集证据有关，能让我们放弃大量多余的假说。

必须否定自身的一些错误观念这种经历会让人谦卑。我们不该把自己的错误看成一种侮辱，而要看成学习新知的机会。毕竟我们的知识岛屿很渺小，周围还环绕着大片无知的汪洋。只有证据，而不是毫无根据的想法，才能扩充这座岛屿的面积。天文学家尤其应该感到谦卑。面对宇宙的浩瀚、一切物理现象的广阔范围以及自身认知的局限，我们不得不正视自己是微不足道的。我们在研究态度上也要谦卑，在了解宇宙的尝试中，要允许自己公开犯错并承担显而易见的风险，就像孩子那样。

当我望着同行们联合起来反对别人认真思考奥陌陌可能是外星科技的假说时，我常常会想：我们童年时的好奇和天真到哪里去了？我曾因 SETI 做了一些迄今为止和公众接触最多的工作，并因此陷入了暴风骤雨般的媒体采访，在这个过程中我常常被一个简单的想法所激励：如果我因为答应媒体的要求而把世界上某处的一个孩子吸引到了科学的世界，那我就满足了。如果我还使公众，甚至我的同行们更愿意思考我这个不同寻常的假说，那就更好了。

✦✦✦

我在本书开头讲了我给哈佛的本科生提出的两个思想实验，现在就顺着它们的逻辑再说一个吧。

想象在过去的某个时候，比如1976年，美国国家航空航天局在另一颗行星——就当它是火星吧——上发现了外星生命存在的证据。美国国家航空航天局之前向这颗红色星球发射了一个探测器，这一探测器采集了土壤样本，经分析人们发现其中包含生命存在的证据。于是那个最终的问题，即地球生命是不是宇宙间的唯一生命，也就得到了明确的解答。这些数据由科学界公布，并为大众所接受。

于是在过去40年中，人类始终怀着一个信念投身日常生活和科学探索，那就是地球上的生命并非独一无二，因为既然火星上存在生命的证据，那么这种证据也存在于别处从统计学上来说几乎就是必然的了。明白了这一点，那些负责评估并资助新的科研项目和设备的委员会决定将经费都引向对地外生命的进一步寻找。公共资金也用于支持这些新的探索项目。教科书被改写了，研究生项目改变了方向，旧的假说也受到了质疑。

再想象人们在火星上发现有机生命的证据40年后，一个小型星际物体穿过了我们的太阳系，它的光度很高，翻着奇怪的跟斗，有91%的可能是碟形，还在没有明显喷气的情况下平稳加速，偏离了仅由太阳引力决定的轨道，而且它受到的额外推力和其与太阳距离的平方成反比，逐渐变小。

想象天文学家收集了充足的证据来理解这个物体的反常特征，并且有少数科学家在考察这些数据之后宣布，这些反常特征的一个可能解释是这个物体源于外星科技。

你认为在这样一个世界里，科学界和公众会如何面对这样一个假说？

因为已经用了40年适应外星生命的证据，我猜想这个世界会觉得，和所有其他解释奥陌陌奇异特征的另类场景相比，这个假说并不是那样荒诞不经。或许在这40年中，这个世界已经行动起来，为发现和研究奥陌陌做了充分的准备。这会让科学家在2017年7月就发现奥陌陌，也因此会有充足的时间发射一艘宇宙飞船去迎接这个奇怪的物体，并近距离拍下它表面的照片。

也许我们不必像现在这样，还在眼巴巴地等待摄星计划向宇宙发射第一艘光帆飞船后传回的数据，而是早在20年前就发射了那样的飞船，现在就快收到它传回的数据了。

这个思想实验有着双重目的。第一，它提醒我们虽然无法控制宇宙给出的数据，但我们可以控制自己寻找、评估数据的方式和调整未来科研方向的方式。我们选择为自己打开的那个充满可能性的世界依赖于我们收集的数据，我们用集体的智力来思考数据，它将在很大程度上决定我们的子孙会生活在怎样的一个世界里。

这个思想实验的第二个目的是强调我们错失的那次机会。

1975年，美国国家航空航天局向火星发射了两个"海盗号"登陆器，这两个小型探测器在第二年到达了这颗红色行星。它们在那里开展实验，收集土样并做了分析。所有的结果都被传回了地球。

2019年10月，负责"海盗号"标记释放实验的首席研究者吉尔伯特·V. 莱文（Gilbert V. Levin）在《科学美国人》杂志上发表文章，宣布实验已经得出了肯定的结果，可以证明火星上存在生命。这个实验的目的是检测火星土壤中是否包含有机质，莱文在文中写道："我们似乎已经找到了那个终极问题的答案。"

这个实验很简单：在火星土壤中注入营养物质，然后观察土壤中是否有任何东西把它当作食物消耗掉了。登陆器上装备了放射性监测器，可以检测到食物消耗产生的任何代谢迹象。另外，登陆器还可以在将土壤加热到足以杀死所有已知的生物后重复这一实验。如果第一次实验中出现了新陈代谢的证据，而加热后的第二次实验没有，就说明土壤中的确存在生物。

莱文表示，这正是当时实验得出的结果。

然而其他实验并没有找到火星上存在生命的补强证据，因此美国国家航空航天局只把这第一个实验的结果当成了假阳性。在之后的几十年里，美国国家航空航天局的火星登陆器再也没有携带设备继续这项实验。

眼下，美国国家航空航天局和其他宇航机构又重新计划向火星投放火星车，车上携带专门的设备去寻找过去生命的迹象。美国国家航空航天局发射的火星车上的设备名为"用拉曼和发光技术扫描宜居环境的有机物和化学物质"（Scanning Habitable Environments with Raman and Luminescence for Organics and Chemicals），简称"夏洛克"（SHERLOC）。我们都可以从中获得一定的安慰：无论如何踯躅，科学的侦探工作还在继续。

后 记

AFTERWORD

2020年9月14日，地球上的科学家首次公布了一份报告，宣布在另一颗行星上发现了或许是生物标志物的东西。这条证明外星生命的潜在证据并不是在某个遥远的恒星附近被发现的。和奥陌陌一样，它被找到的地方就在地球近旁，就在我们的太阳系内。

英国卡迪夫大学的简·格里夫斯（Jane Greaves）领导一支团队，在我们的邻居金星的云层中发现了一种名叫磷化氢（PH_3）的化合物。在毫米波长尺度的吸收中寻找金星的光谱指纹时，他们在其上空海拔约35英里处探测到了磷化氢气体的踪迹。金星的表面目前太热，不可能存在液态形式的水，因此就我们所知，它的岩石地面也不适合生物居住。但是在35英里的高空，温度和压力却都接近地球的低层大气，由此增加了微生物在金星大气悬浮的液滴中存活的可能。

在地球上，磷化氢是生命活动的产物。我写作本书时，还没有人发现有别的化学反应途径能制造出像在金星大气中探测到的含量那么高的磷化氢。

　　这次可能的发现振奋了天文学界，程度很像是几乎整整三年之前奥陌陌被发现的时候。和那时一样，报告一经发出，我的研究小组就开始热切地进行计算。比如我和马纳斯维·林加姆一同算出，要让微生物产生金星云盖中的那种磷化氢，它们的最小密度其实并不需要太大，而是比地球大气中的微生物密度小很多个数量级。也就是说，金星上根本无须存在太多生命，就能被地球发现它们的踪迹。除此之外，我还和阿米尔·西拉杰证明了掠过行星的小行星可以在地球和金星的大气之间输送微生物，由此产生了一个可以验证的假说，即如果金星上真有生命的话，它们也许和地球生命拥有共同的祖先。

　　和奥陌陌一样，金星上的磷化氢也标志着一段发现之旅的开端而非结束。接下来，科学家还将获得更多数据，以验证这份报告的真实性。他们还将检验活的有机体是不是产生磷化氢的唯一自然途径。我们目前还无法获得决定性的证据，要等到探测器访问金星、从它的云层中抄一勺样品，并在其中寻找微生物，我们才能判断那里是否真有生命。总之，侦探工作仍将继续。

致 谢

ACKNOWLEDGMENTS

我要把最深的感谢送给我的父母——萨拉和大卫，在我那漫长到没有尽头的童年里，是他们的明智激发了我的好奇心和求知欲。我也要谢谢我那了不起的妻子奥弗里特，还有我们优秀的女儿克莉尔和洛特姆，因为她们无条件的支持与爱，我的人生才值得一过。

在我的科学生涯中，与数十位才华横溢的学生和博士后研究员的合作使我受益匪浅，其中有几位我已经在书中提到了，他们的全部研究大家可以在我的网站上查看：https://www.cfa.harvard.edu/~loeb/。正如查尼纳拉比（Rabbi Chanina）在《塔木德》中所说的那样："我从老师那里学到了很多，从同事那里学到了更多，但最多的还是从学生那里学到的。"

如果没有几位关键的团队成员，这本书就不可能写成。我尤其要感谢我的文学经纪人莱斯莉·梅雷迪思（Leslie Meredith）和玛丽·埃文斯（Mary Evans），是她们说服我在繁忙的研究日程中写作本书。还要感谢两位编辑亚历克斯·利特菲尔德（Alex Littlefield）和乔治娜·莱科克（Georgina Laycock）对这个写作项目的慷慨支援和建议。谢谢托马斯·勒比安（Thomas LeBien）和阿曼达·穆恩（Amanda Moon）在收集和组织素材方面的专业素养和卓越见识。我还要谢谢《科学美国人》博客"观察"栏目的编辑迈克尔·勒莫尼克（Michael Lemonick），是他给了我一块抒发见解、表达观点的珍贵园地。

在这群合作者的帮助之下，我明白了我对自己知道些什么，也由此明白了我对世界知道些什么。毕竟，我们所能发现的宇宙范围取决于我们对那里存在什么样的想象。

注 释

NOTES

第一章　宇宙侦察兵

"率先从远方抵达的信使"

International Astronomical Union, "The IAU Approves New Type of Designation for Interstellar Objects," November 14, 2017, https://www.iau.org/news/announcements/detail/ann17045/.

第三章　异常现象

它偏离了预测的轨道

Marco Micheli et al., "Non-Gravitational Acceleration in the Trajectory of 1I/2017 U1 ('Oumuamua)," *Nature* 559 (2018): 223 - 26, https://www.ifa.hawaii.edu/~meech/papers/2018/Micheli2018-Nature.pdf.

改变奥陌陌的翻转周期

Roman Rafikov, "Spin Evolution and Cometary Interpretation of the Interstellar Minor Object 1I/2017 'Oumuamua," *Astrophysical Journal* (2018), http://

arxiv.org/pdf/1809.06389.pdf.

"没有探测到这个物体"

David E. Trilling et al., "Spitzer Observations of Interstellar Object 1I/'Oumuamua," *Astronomical Journal*（2018）, https://arxiv.org/pdf/1811.08072.pdf.

天文学家们查看了……拍摄的图像

Man-To Hui and Mathew M. Knight, "New Insights into Interstellar Object 1I/2017 U1 ('Oumuamua) from SOHO/STEREO Nondetections," *Astronomical Journal* （2019）, https://arxiv.org/pdf/1910.10303.pdf.

"史上最伟大的彗星猎手"

NASA, "Nearing 3,000 Comets: SOHO Solar Observatory Greatest Comet Hunter of All Time," July 30, 2015, https://www.nasa.gov/feature/goddard/soho/solar-observatory-greatest-comet-hunter-of-all-time.

奥陌陌上的冰完全是由氢构成的

Darryl Seligman and Gregory Laughlin, "Evidence That 1I/2017 U1 ('Oumuamua) Was Composed of Molecular Hydrogen Ice," *Astrophysical Journal Letters* （2020）, https://arxiv.org/pdf/2005.12932.pdf.

"一个由松散尘粒构成的脱挥聚集体"

Zdenek Sekanina, "1I/'Oumuamua As Debris of Dwarf Interstellar Comet That Disintegrated Before Perihelion," *arXiv.org*（2019）, https://arxiv.org/pdf/1901.08704.pdf.

一位研究者也提出了一个相似的概念，认为奥陌陌是一个冰冻的多孔聚集体

Amaya Moro-Martin, "Could 1I'Oumuamua Be an Icy Fractal Aggregate,"

Astrophysical Journal（2019）, https://arxiv.org/pdf/1902.04100.pdf.

又有一位科学家重新审视了证据

Sergey Mashchenko, "Modeling the Light Curve of 'Oumuamua: Evidence for Torque and Disk-Like Shape," *Monthly Notices of the Royal Astronomical Society*（2019）, https://arxiv.org/pdf/1906.03696.pdf.

高温熔化和潮汐拉力会使它变成长条

Yun Zhang and Douglas N. C. Lin, "Tidal Fragmentation as the Origin of 1I/2017 U1 ('Oumuamua)," *Nature Astronomy*（2020）, https://arxiv.org/pdf/2004.07218.pdf.

第五章　光帆假说

"我们没有发现可信的证据证明奥陌陌是外星人的造物"

'Oumuamua ISSI Team, "The Natural History of 'Oumuamua," *Nature Astronomy* 3（2019）, https://arxiv.org/pdf/ 1907.01910.pdf.

"我们从来没有在太阳系里见过像奥陌陌这样的物体"

Michelle Starr, "Astronomers Have Analysed Claims 'Oumuamua's an Alien Ship, and It's Not Looking Good," *Science Alert*, July 1, 2019, https://www.sciencealert.com/astronomers-have-determined-oumuamua-is-really-truly-not-an-alien‐lightsail.

第六章　贝壳与浮标

并从中得出了几个笼统的结论

Aaron Do, Michael A. Tucker, and John Tonry, "Interstellar Interlopers: Number Density and Origin of 'Oumuamua-Like Objects," *Astrophysical*

Journal（2018），https://arxiv.org/pdf/1801.02821.pdf.

在两篇后续论文中

Amaya Moro-Martin，"Origin of 1I'Oumuamua. I. An Ejected Protoplanetary Disk Object？，"*Astrophysical Journal*（2018），https://arxiv.org/pdf/1810.02148.pdf; Amaya Moro-Martin，"II. An Ejected Exo-Oort Cloud Object，"*Astronomical Journal*（2018），https:// arxiv.org/ pdf/1811.00023.pdf.

500个里才有1个

Eric Mamajek，"Kinematics of the Interstellar Vagabond 1I/'Oumuamua（A/2017 U1），"*Research Notes of the American Astronomical Society*（2017），https://arxiv.org/abs/1710.11364.

第七章　向孩子学习

文中提出了两个简单的假设

Giuseppe Cocconi and Philip Morrison，"Searching for Interstellar Communications，"*Nature* 184, no. 4690（September 19, 1959）: 844–46, http:// www.iaragroup.org/ _OLD/seti/pdf_ IARA/cocconi.pdf.

"我们已经投入了上千万美元"

Adam Mann，"Intelligent Ways to Search for Extraterrestrials，"*New Yorker*（October 3, 2019）.

有7名研究生即将以"寻找地外智慧生命"相关课题取得博士学位

Jason Wright，"SETI Is a Very Young Field（Academically），"*AstroWright*（blog），January 23, 2019, https://sites.psu.edu/astrowright/2019/01/23/seti-is-a-very-young-field-academically/.

第九章　过滤器

世界银行发布了一份名为《何等浪费2.0》的报告

Silpa Kaza et al., "What a Waste 2.0: A Global Snapshot of Solid Waste Management to 2050," World Bank（2018）, https://openknowledge. worldbank.org/handle/10986/30317.

"我绝不会自大到认为我的太阳是唯一拥有一群行星的恒星"

Mario Livio, "Winston Churchill's Essay on Alien Life Found," *Nature*（2017）, https://www.nature.com/news/ winston–churchill–s–essay–on–alien–life–found–1.21467; Brian Handwerk, "'Are We Alone in the Universe?' Winston Churchill's Lost Extraterrestrial Essay Says No," SmithsonianMag.com, February 16, 2017, https://www.smithsonianmag.com/science–nature/winston–churchill–question–alien–life–180962198/.

第十三章　奇点

"上周在纽约"

请到下述网址观看霍金于2016年4月22日在我家做简短讲话的录像——https:// www.cfa.harvard.edu/~loeb/ SI.html.

尾声

"我们似乎已经找到了那个终极问题的答案"

Gilbert V. Levin, "I'm Convinced We Found Evidence of Life on Mars in the 1970s," *Scientific American*, October 10, 2019, https:// blogs.scientificamerican.com/observations/ im–convinced–we–found–evidence–of–life–on–mars–in–the–1970s/.

后记

英国卡迪夫大学的简·格里夫斯领导一支团队

Greaves, J. et al., "Phosphine Gas in the Cloud Decks of Venus," *Nature Astronomy*（2020）, https://arxiv.org/ftp/arxiv/papers/2009/2009.06593.pdf.

微生物在金星大气悬浮的液滴中存活的可能

Seager, S. et al., "The Venusian Lower Atmosphere Haze as a Depot for Desiccated Microbial Life: A Proposed Life Cycle for Persistence of the Venusian Aerial Biosphere," *Astrobiology* （2020）, https://arxiv.org/ftp/arxiv/papers/2009/2009.06474.pdf.

我和马纳斯维·林加姆一同算出

Lingam, M., and A. Loeb, "On the Biomass Required to Produce Phosphine Detected in the Cloud Decks of Venus," *arXiv.org* （2020）, https://arxiv.org/pdf/2009.07835.pdf.

我还和阿米尔·西拉杰证明了

Siraj, A., and A. Loeb, "Transfer of Life Between Earth and Venus with Planet–Grazing Asteroids," *arXiv.org* （2020）, https://arxiv.org/pdf/2009.09512.pdf.

扩展阅读

ADDITIONAL READING

本书中的许多想法我都在之前发表的论文中首先提出并做了探讨。下面链接中的内容是这些论文的清单：https://www.cfa.harvard.edu/~loeb/Oumuamua.html。

以下是我的一些文章，它们对每一章的内容做了额外补充。本节所有学术期刊论文的链接都指向arXiv——一个论文预印本服务器，供科学界及公众获取学术论文。

前言

Loeb, A. "The Case for Cosmic Modesty." *Scientific American*, June 28, 2017, https:// blogs.scientificamerican.com/observations/the-case-for-cosmic-modesty/.

———. "Science Is Not About Getting More Likes." *Scientific American*, October 8, 2019, https://blogs.scientificamerican.com/observations/science-is-not-about-getting-more-likes/.

——. "Seeking the Truth When the Consensus Is Against You." *Scientific American*, November 9, 2018, https://blogs.scientificamerican.com/observations/seeking–the–truth–when–the–consensus–is–against–you/.

——. "Essential Advice for Fledgling Scientists." *Scientific American*, December 2, 2019, https://blogs.scientificamerican.com/observations/essential–advice–for–fledgling–scientists/.

——. "A Tale of Three Nobels." *Scientific American*, December 18, 2019, https://blogs.scientificamerican.com/observations/a–tale–of–three–nobels/.

——. "Advice to Young Scientists: Be a Generalist." *Scientific American*, March 16, 2020, https://blogs.scientificamerican.com/observations/advice–for–young–scientists–be–a–generalist/.

——. "The Power of Scientific Brainstorming." *Scientific American*, July 23, 2020, https://www.scientificamerican.com/article/the–power–of–scientific–brainstorming/.

——. "A Movie of the Evolving Universe Is Potentially Scary." *Scientific American*, August 2, 2020. https://www.scientificamerican.com/article/the–power–of–scientific–brainstorming/.

Moro–Martin, A., E. L. Turner, and A. Loeb. "Will the Large Synoptic Survey Telescope Detect Extra–Solar Planetesimals Entering the Solar System?" *Astrophysical Journal* (2009), https://arxiv.org/pdf/0908.3948.pdf.

第一章　宇宙侦察兵

Bialy, S., and A. Loeb. "Could Solar Radiation Pressure Explain 'Oumuamua's Peculiar Acceleration?" *Astrophysical Journal Letters* (2018), https://arxiv.org/pdf/1810.11490.pdf.

Loeb, A. "Searching for Relics of Dead Civilizations." *Scientific American*, September 27, 2018, https://blogs.scientificamerican.com/observations/how-to-search-for-dead-cosmic-civilizations/.

———. "Are Alien Civilizations Technologically Advanced?" *Scientific American*, January 8, 2018, https://blogs.scientificamerican.com/observations/are-alien-civilizations-technologically-advanced/.

———. "Q&A with a Journalist." Center for Astrophysics, Harvard University, January 25, 2019, https://www.cfa.harvard.edu/~loeb/QA.pdf.

第二章 家乡的农场

Loeb, A. "The Humanities of the Future." *Scientific American*, March 22, 2019, https:// blogs.scientificamerican.com/observations/the-humanities-and-the-future/.

———. "What Is the One Thing You Would Change About the World?" *Harvard Gazette*, July 1, 2019, https://news.harvard.edu/gazette/story/2019/06/focal-point-harvard-professor-avi-loeb-wants-more-scientists-to-think-like-children/.

———. "Science as a Way of Life." *Scientific American*, August 14, 2019, https://blogs.scientificamerican.com/observations/a-scientist-must-go-where-the-evidence-leads/.

———. "Beware of Theories of Everything." *Scientific American*, June 9, 2020, https:// blogs.scientificamerican.com/observations/beware-of-theories-of-everything/.

Loeb, A., and E. L. Turner. "Detection Technique for Artificially Illuminated Objects in the Outer Solar System and Beyond." *Astrobiology* (2012), https:// arxiv.org/pdf/ 1110.6181.pdf.

第三章　异常现象

Hoang, T., and A. Loeb. "Destruction of Molecular Hydrogen Ice and Implications for 1I/2017 U1 ('Oumuamua)." *Astrophysical Journal Letters* (2020), https://arxiv.org/pdf/2006.08088.pdf.

Lingam, M., and A. Loeb. "Implications of Captured Interstellar Objects for Panspermia and Extraterrestrial Life." *Astrophysical Journal* (2018), https:// arxiv.org/pdf/ 1801.10254.pdf.

Loeb, A. "Theoretical Physics Is Pointless Without Experimental Tests." *Scientific American*, August 10, 2018, https://blogs.scientificamerican. com/observations/ theoretical–physics–is–pointless–without–experimental–tests/.

———. "The Power of Anomalies." *Scientific American*, August 28, 2018, https://blogs.scientificamerican.com/observations/the–power–of–anomalies/.

———. "On 'Oumuamua." Center for Astrophysics, Harvard University, November 5, 2018, https://www.cfa.harvard.edu/~loeb/Oumuamua.pdf.

———. "Six Strange Facts About the First Interstellar Visitor, 'Oumuamua." *Scientific American*, November 20, 2018, https://blogs.scientificamerican.com/ observations/6–strange–facts–about–the–interstellar–visitor–oumuamua/.

———. "How to Approach the Problem of 'Oumuamua." *Scientific American*, December 19, 2018, https://blogs.scientificamerican.com/observations/how–to–

approach–the–problem–of–oumuamua/.

——. "The Moon as a Fishing Net for Extraterrestrial Life." *Scientific American*, September 25, 2019, https://blogs.scientificamerican.com/observations/the–moon–as–a–fishing–net–for–extraterrestrial–life/.

——. "The Simple Truth About Physics." *Scientific American*, January 1, 2020, https:// blogs.scientificamerican.com/observations/the–simple–truth–about–physics/.

Sheerin, T. F., and A. Loeb. "Could 1I/2017 U1 'Oumuamua Be a Solar Sail Hybrid?" Center for Astrophysics, Harvard University, May 2020, https://www.cfa.harvard.edu/~loeb/TL.pdf.

Siraj, A., and A. Loeb. "'Oumuamua's Geometry Could Be More Extreme than Previously Inferred." *Research Notes of the American Astronomical Society* (2019), http://iopscience.iop.org/article/10.3847/2515–5172/aafe7c/meta.

——. "Identifying Interstellar Objects Trapped in the Solar System Through Their Orbital Parameters." *Astrophysical Journal Letters* (2019), https://arxiv.org/pdf/ 1811.09632.pdf.

——. "An Argument for a Kilometer–Scale Nucleus of C/2019 Q4." *Research Notes of the American Astronomical Society* (2019), https://arxiv.org/pdf/1909.07286.pdf.

第四章　星之芯片

Christian, P., and A. Loeb. "Interferometric Measurement of Acceleration at Relativistic Speeds." *Astrophysical Journal* (2017), https://arxiv.org/pdf/1608.08230.pdf.

Guillochon, J., and A. Loeb. "SETI via Leakage from Light Sails in Exoplanetary Systems." *Astrophysical Journal* (2016), https://arxiv.org/pdf/1508.03043.pdf.

Kreidberg, L., and A. Loeb. "Prospects for Characterizing the Atmosphere of Proxima Centauri b." *Astrophysical Journal Letters* (2016), https://arxiv.org/pdf/1608.07345.pdf.

Loeb, A. "On the Habitability of the Universe." *Consolidation of Fine Tuning* (2016), https://arxiv.org/pdf/1606.08926.pdf.

——. "Searching for Life Among the Stars." *Pan European Networks: Science and Technology*, July 2017, https://www.cfa.harvard.edu/~loeb/PEN.pdf.

——. "Breakthrough Starshot: Reaching for the Stars." *SciTech Europa Quarterly*, March 2018, https://www.cfa.harvard.edu/~loeb/Loeb_Starshot.pdf.

——. "Sailing on Light." *Forbes*, August 8, 2018, https://www.cfa.harvard.edu/~loeb/ Loeb_Forbes.pdf.

——. "Interstellar Escape from Proxima b Is Barely Possible with Chemical Rockets." *Scientific American*, 2018, https://arxiv.org/pdf/1804.03698.pdf.

Loeb, A., R. A. Batista, and D. Sloan. "Relative Likelihood for Life as a Function of Cosmic Time." *Journal of Cosmology and Astroparticle Physics* (2016), https://arxiv.org/pdf/1606.08448.pdf.

Manchester, Z., and A. Loeb. "Stability of a Light Sail Riding on a Laser Beam." *Astrophysical Journal Letters* (2017), https://arxiv.org/pdf/1609.09506.pdf.

第五章　光帆假说

Hoang, T., and A. Loeb. "Electromagnetic Forces on a Relativistic Spacecraft in the Interstellar Medium." *Astrophysical Journal* (2017), https://arxiv.org/pdf/1706.07798.pdf.

Hoang, T., A. Lazarian, B. Burkhart, and A. Loeb. "The Interaction of Relativistic Spacecrafts with the Interstellar Medium." *Astrophysical Journal* (2017), https:// arxiv.org/pdf/1802.01335.pdf.

Hoang, T., A. Loeb, A. Lazarian, and J. Cho. "Spinup and Disruption of Interstellar Asteroids by Mechanical Torques, and Implications for 1I/2017 U1 ('Oumuamua)." *Astrophysical Journal* (2018), https://arxiv.org/pdf/1802.01335.pdf.

第六章　贝壳与浮标

Loeb, A. "An Audacious Explanation for Fast Radio Bursts." *Scientific American*, June 24, 2020, https://www.scientificamerican.com/article/an-audacious-explanation-for-fast-radio-bursts/.

Lingam, M., and A. Loeb. "Risks for Life on Habitable Planets from Superflares of Their Host Stars." *Astrophysical Journal* (2017), https://arxiv.org/pdf/1708.04241.pdf.

——. "Optimal Target Stars in the Search for Life." *Astrophysical Journal Letters* (2018), https://arxiv.org/pdf/1803.07570.pdf.

Loeb, A. "For E.T. Civilizations, Location Could Be Everything." *Scientific American*, March 13, 2018, https://blogs.scientificamerican.com/observations/for-e-t-civilizations-location-could-be-everything/.

——. "Space Archaeology." *Atmos*, November 8, 2019, https://www.cfa.harvard.edu/ Atmos_Loeb.pdf.

Siraj, A., and A. Loeb. "Radio Flares from Collisions of Neutron Stars with Interstellar Asteroids." *Research Notes of the American Astronomical Society* (2019), https:// arxiv.org/pdf/1908.11440.pdf.

——. "Observational Signatures of Sub-Relativistic Meteors." *Astrophysical Journal Letters* (2020), https://arxiv.org/pdf/2002.01476.pdf.

第七章　向孩子学习

Lingam, M., and A. Loeb. "Fast Radio Bursts from Extragalactic Light Sails." *Astrophysical Journal Letters* (2017), https://arxiv.org/pdf/1701.01109.pdf.

——. "Relative Likelihood of Success in the Searches for Primitive Versus Intelligent Life." *AstroBiology* (2019), https://arxiv.org/pdf/1807.08879.pdf.

第八章　广袤无垠

Loeb, A. "Geometry of the Universe." *Astronomy*, July 8, 2020, https://www.cfa.har vard.edu/~loeb/Geo.pdf.

——.*How Did the First Stars and Galaxies Form?* Princeton, NJ: Princeton University Press, 2010.

Loeb, A., and S. R. Furlanetto. *The First Galaxies in the Universe*. Princeton, NJ: Princeton University Press, 2013.

Loeb, A., and M. Zaldarriaga. "Eavesdropping on Radio Broadcasts from Galactic Civilizations with Upcoming Observatories for Redshifted 21 Cm Radiation." *Journal of Cosmology and Astroparticle Physics* (2007), https:// arxiv.org/pdf/astro-ph/0610377.pdf.

第九章　过滤器

Lingam, M., and A. Loeb. "Propulsion of Spacecrafts to Relativistic Speeds Using Natural Astrophysical Sources." *Astrophysical Journal* (2020), https://arxiv.org/pdf/2002.03247.pdf.

Loeb, A. "Our Future in Space Will Echo Our Future on Earth." *Scientific American*, January 10, 2019, https://blogs.scientificamerican.com/observations/our–future–in–space–will–echo–our–future–on–earth/.

——. "When Lab Experiments Carry Theological Implications." *Scientific American*, April 22, 2019, https://blogs.scientificamerican.com/observations/when–lab–experiments–carry–theological–implications/.

——. "The Only Thing That Remains Constant Is Change." *Scientific American*, September 6, 2019, https://blogs.scientificamerican.com/observations/the–only–thing–that–remains–constant–is–change/.

Siraj, A., and A. Loeb. "Exporting Terrestrial Life Out of the Solar System with Gravitational Slingshots of Earthgrazing Bodies." *International Journal of Astrobiology* (2019), https://arxiv.org/pdf/1910.06414.pdf.

第十章　天文考古学

Lin, H. W., G. Gonzalez Abad, and A. Loeb. "Detecting Industrial Pollution in the Atmospheres of Earth–Like Exoplanets." *Astrophysical Journal Letters* (2014), https:// arxiv.org/pdf/1406.3025.pdf.

Lingam, M., and A. Loeb. "Natural and Artificial Spectral Edges in Exoplanets." *Monthly Notices of the Royal Astronomical Society* (2017), https://arxiv.org/pdf/ 1702.05500.pdf.

Loeb, A. "Making the Church Taller." *Scientific American*, October 18, 2018, https:// blogs.scientificamerican.com/observations/making–the–church–taller/.

——. "Advanced Extraterrestrials as an Approximation to God." *Scientific American*, January 26, 2019, https://blogs.scientificamerican.com/observations/advanced–extraterrestrials–as–an–approximation–to–god/.

——. "Are We Really the Smartest Kid on the Cosmic Block?" *Scientific American*, March 4, 2019, https://blogs.scientificamerican.com/observations/are–we–really–the–smartest–kid–on–the–cosmic–block/.

——. "Visionary Science Takes More Than Just Technical Skills." *Scientific American*, May 25, 2020, https://blogs.scientificamerican.com/observations/visionary–science–takes–more–than–just–technical–skills/.

第十一章　奥陌陌的赌局

Chen, H., J. C. Forbes, and A. Loeb. "Influence of XUV Irradiation from Sgr A* on Planetary Habitability and Occurrence of Panspermia near the Galactic Center." *Astrophysical Journal Letters* (2018), https://arxiv.org/pdf/1711.06692.pdf.

Cox, T. J., and A. Loeb. "The Collision Between the Milky Way and Andromeda." *Monthly Notices of the Royal Astronomical Society* (2008), https://arxiv.org/pdf/ 0705.1170.pdf.

Forbes, J. C., and A. Loeb. "Evaporation of Planetary Atmospheres Due to XUV Illumination by Quasars." *Monthly Notices of the Royal Astronomical Society* (2018), https://arxiv.org/pdf/1705.06741.pdf.

Loeb, A. "Long–Term Future of Extragalactic Astronomy." *Physical Review*

D (2002), https://arxiv.org/pdf/astro–ph/0107568.pdf.

——. "Cosmology with Hypervelocity Stars." *Journal of Cosmology and Astroparticle Physics* (2011), https://arxiv.org/pdf/1102.0007.pdf.

——. "Why a Mission to a Visiting Interstellar Object Could Be Our Best Bet for Finding Aliens." *Gizmodo*, October 31, 2018, https://gizmodo.com/why–a–mission–to–a–visiting–interstellar–object–could–b–1829975366.

——. "Be Kind to Extraterrestrials." *Scientific American*, February 15, 2019, https:// blogs.scientificamerican.com/observations/be–kind–to–extraterrestrials/.

——. "Living Near a Supermassive Black Hole." *Scientific American*, March 11, 2019, https://blogs.scientificamerican.com/observations/living–near–a–supermassive–black–hole/.

第十二章 播种

Ginsburg, I., M. Lingam, and A. Loeb. "Galactic Panspermia." *Astrophysical Journal* (2018), https://arxiv.org/pdf/1810.04307.pdf.

Lingam, M., I. Ginsburg, and A. Loeb. "Prospects for Life on Temperate Planets Around Brown Dwarfs." *Astrophysical Journal* (2020), https://arxiv.org/pdf/1909.08791.pdf.

Lingam, M., and A. Loeb. "Subsurface Exolife." *International Journal of Astrobiology* (2017), https://arxiv.org/pdf/1711.09908.pdf.

——. "Brown Dwarf Atmospheres as the Potentially Most Detectable and Abundant Sites for Life." *Astrophysical Journal* (2019), https://arxiv.org/pdf/1905.11410.pdf.

——. "Dependence of Biological Activity on the Surface Water Fraction of Planets." *Astronomical Journal* (2019), https://arxiv.org/pdf/1809.09118.pdf.

——. "Physical Constraints for the Evolution of Life on Exoplanets." *Reviews of Modern Physics* (2019), https://arxiv.org/pdf/1810.02007.pdf.

Loeb, A. "In Search of Green Dwarfs." *Scientific American*, June 3, 2019, https://blogs.scientificamerican.com/observations/in–search–of–green–dwarfs/.

——. "Did Life from Earth Escape the Solar System Eons Ago?" *Scientific American*, November 4, 2019, https://blogs.scientificamerican.com/observations/did–life–from–earth–escape–the–solar–system–eons–ago/.

——. "What Will We Do When the Sun Gets Too Hot for Earth's Survival?" *Scientific American*, November 25, 2019, https://blogs.scientificamerican.com/observations/the–moon–as–a–fishing–net–for–extraterrestrial–life/.

——. "Surfing a Supernova." *Scientific American*, February 3, 2020, https://blogs.scientificamerican.com/observations/surfing–a–supernova/.

Siraj, A., and A. Loeb. "Transfer of Life by Earth–Grazing Objects to Exoplanetary Systems." *Astrophysical Journal Letters* (2020), https://arxiv.org/pdf/2001.02235.pdf.

Sloan, D., R. A. Batista, and A. Loeb. "The Resilience of Life to Astrophysical Events." *Nature Scientific Reports* (2017), https://arxiv.org/pdf/1707.04253.pdf.

第十三章　奇点

Broderick, A., and A. Loeb. "Portrait of a Black Hole." *Scientific American*, 2009, https://www.cfa.harvard.edu/~loeb/sciam2.pdf.

Forbes, J., and A. Loeb. "Turning Up the Heat on 'Oumuamua."

Astrophysical Journal Letters (2019), https://arxiv.org/pdf/1901.00508.pdf.

Loeb, A. "'Oumuamua's Cousin?" *Scientific American*, May 6, 2019, https:// blogs.scientificamerican.com/observations/oumuamuas–cousin/.

———. "It Takes a Village to Declassify an Error Bar." *Scientific American*, July 3, 2019, https://blogs.scientificamerican.com/observations/it–takes–a– village–to–declassify–an–error–bar/.

———. "Can the Universe Provide Us with the Meaning of Life?" *Scientific American*, November 18, 2019, https://blogs.scientificamerican.com/ observations/surfing–a–supernova/.

———. "In Search of Naked Singularities." *Scientific American*, May 3, 2020, https:// blogs.scientificamerican.com/observations/in–search–of–naked– singularities/.

Siraj, A., and A. Loeb. "Discovery of a Meteor of Interstellar Origin." *Astrophysical Journal Letters* (2019), https://arxiv.org/pdf/1904.07224.pdf.

———. "Probing Extrasolar Planetary Systems with Interstellar Meteors." *Astrophysical Journal Letters* (2019), https://arxiv.org/pdf/1906.03270.pdf.

———. "Halo Meters." *Astrophysical Journal Letters* (2019), https://arxiv.org/ pdf/1906.05291.pdf.

尾声

Lingam, M., and A. Loeb. "Searching the Moon for Extrasolar Material and the Building Blocks of Extraterrestrial Life." *Publications of the National Academy of Sciences* (2019), https://arxiv.org/pdf/1907.05427.pdf.

Loeb, A. "Science Is an Infinite–Sum Game." *Scientific American*, July

31, 2018, https:// blogs.scientificamerican.com/observations/science–is–an–infinite–sum–game/.

———. "Why Should Scientists Mentor Students?" *Scientific American*, February 25, 2020, https://blogs.scientificamerican.com/observations/why–should–scientists–mentor–students/.

———. "Why the Pursuit of Scientific Knowledge Will Never End." *Scientific American*, April 6, 2020, https://blogs.scientificamerican.com/observations/why–the–pursuit–of–scientific–knowledge–will–never–end/.

———. "A Sobering Astronomical Reminder from COVID–19." *Scientific American*, April 22, 2020, https://blogs.scientificamerican.com/observations/a–sobering–astronomical–reminder–from–covid–19/.

———. "Living with Scientific Uncertainty." *Scientific American*, July 15, 2020, https:// www.scientificamerican.com/article/living–with–scientific–uncertainty/.

———. "What If We Could Live for a Million Years?" *Scientific American*, August 16, 2020, https://www.cfa.harvard.edu/~loeb/Li.pdf.

Siraj, A., and A. Loeb. "Detecting Interstellar Objects through Stellar Occultations." *Astrophysical Journal* (2019), https://arxiv.org/pdf/2001.02681.pdf.

———. "A Real–Time Search for Interstellar Impact on the Moon." *Acta Astronautica* (2019), https://arxiv.org/pdf/1908.08543.pdf.

著作权合同登记号：图字18-2021-99

图书在版编目（CIP）数据

外星人 /（以）阿维·洛布著；高天羽译 . -- 长沙
：湖南科学技术出版社，2021.10
书名原文：Extraterrestrial
ISBN 978-7-5710-1192-5

Ⅰ. ①外… Ⅱ. ①阿… ②高… Ⅲ. ①外星人—普及读物 Ⅳ. ①Q693-49

中国版本图书馆 CIP 数据核字（2021）第 174922 号

上架建议：畅销·科普

WAIXINGREN
外星人

作　　者：［以］阿维·洛布
译　　者：高天羽
出 版 人：张旭东
责任编辑：刘　竞
监　　制：吴文娟
策划编辑：董　卉
特约编辑：吕晓如
版权支持：姚珊珊　王媛媛
营销编辑：罗　洋　闵　婕
封面设计：潘雪琴
版式设计：李　洁
出　　版：湖南科学技术出版社
　　　　　（湖南省长沙市湘雅路 276 号　邮编：410008）
网　　址：www.hnstp.com
印　　刷：三河市百盛印装有限公司
经　　销：新华书店
开　　本：700mm×1000mm　1/16
字　　数：196 千字
印　　张：15.75
版　　次：2021 年 10 月第 1 版
印　　次：2021 年 10 月第 1 次印刷
书　　号：ISBN 978-7-5710-1192-5
定　　价：68.00 元

若有质量问题，请致电质量监督电话：010-59096394
团购电话：010-59320018